精準掌握近乎完美的好味道！

麵包職人
烘焙教科書

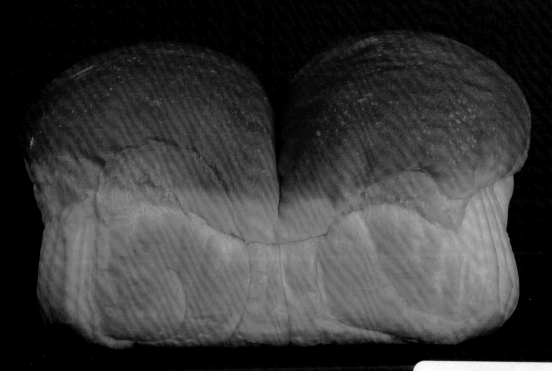

U0038194

ロティ・オラン **堀田誠** ◎著

我在擔任麵包師傅時，對於很多事都感到一頭霧水。

為什麼有些麵包需要揉製，卻又不能揉製過度呢？

麵團究竟該排氣，還是不該排氣？

是要用力滾圓，還是輕輕滾圓？

麵包的製程五花八門，令人摸不著頭緒。

等到自己實際調查後才發現製作的資訊既零散又雜亂，

因此得花相當多的時間才能弄懂。

雖然道地講究的麵包店食譜是結合了經驗、直覺和理論三者的心血結晶，

但即使依照食譜製作，也往往無法烘焙出該店的風味。

建議製作出道地口味麵包的你，依循我的過往經驗，將麵包教科書中的各種理論

加以拆解，並於腦海中重建組合吧！除此之外，還介紹了Roti Orang當時烘焙麵

包的論點。

我們將率先帶領各位瞭解主材料和副材料的意義，再來使用低成分吐司和法式長

棍麵包，以比較高筋麵粉和中高筋麵粉在烘焙製程上的差異性。我希望各位都能

明白，使用不常用的麵粉烘焙麵包，無論是在攪拌方法、揉製方法、力道拿捏及

烘焙程序上都會連帶有所改變。相信在閱讀本書後，有朝一日您也能烘焙出符合

自己口味喜好的麵包，離麵包達人之路更近一步。

雖然尚有許多烘焙知識不及備載，但請將本書視為一種理論，作為您困惑時的參

考，並實際體會麵包達人世界的博大精深。

ロティ オラン 堀田誠

CONTENTS

以主材料烘焙的低成分麵包

先認識麵包烘焙流程的專用術語

使用主材料＋副材料烘焙的高成分麵包

本書的烘焙用具

本篇將介紹烘焙專業麵包的必備用具。事先備妥用具後，烘焙作業流程就能順利進行囉！

大型廚具

發酵箱

使用於麵團發酵。將水（或熱水）倒入下層附設的底盤，就能替麵團保濕，避免表面乾燥。麻雀雖小五臟俱全的折疊式發酵箱，收納上也很方便。

〔可清洗折疊收納的發酵箱PF102〕
內部尺寸：
約寬43.4×深34.8×高36cm／日本
KNEADER

冷熱兩用冰箱

溫度設定範圍為5℃至60℃。使用於麵團發酵。雖然設定溫度較發酵箱容易產生誤差，但當成麵團長時間靜置時的陰涼場所來使用，還是相當便利。由於攜帶方便，除了能當成車用冰箱之外，作為露營等用途也不錯。

「便攜式冷熱兩用冰箱MSO-R1020」
內部尺寸：
約寬24.5×深20×高34cm／Masao
Corporation

蒸氣烘烤爐

推薦附設過熱蒸氣機能的烘烤爐。可以設定有蒸氣和無蒸氣兩種烘烤模式，所以相當方便。當然也可以使用瓦斯烘烤爐，但本書是採用蒸氣烘烤爐來烘焙，因此溫度和時間的設定上會產生差異。硬式麵包適合使用蒸氣烘烤爐，軟式麵包適合使用瓦斯烤爐。

小型廚具

A：容器

使用於麵團發酵。半透明的亦可。

B：木烤模PANIMOULES（附烘焙矽油紙）

使用天然素材（白楊木製）製作的烘焙模具，不僅導熱容易，對環境也很友善。即使處在高溫下也不易烤焦或燃燒。

大／長17.5×寬11×高6cm
細長／長17.5×寬7.5×高5cm

C：磅蛋糕烤模

當鬆軟的麵團進行最後發酵時，要使用烤模壓住固定。

D：揉麵板

使用於麵團推展、切割和滾圓。

E：烤盤

烘焙像是福克西亞及柔韌口感的麵包時，麵團不用放入模具，直接放在烤盤上烘烤即可。

F：擀麵棍

推擀麵團時使用。

G・H：磅秤

最小可測量至0.1g，相當方便。G主要是用來測量麵粉等材料，H為湯匙型電子磅秤，用來測量酵母等材料。

I：調理盆

用來攪拌揉製麵團，及醒麵時蓋在麵團上。

J：迷你攪拌器

攪拌少量液體時相當方便。

K：橡皮刮刀

攪拌麵團時使用。

L：切刀

用來鏟起、集中、分切麵團，或刮除殘留麵團。

M：麵團割紋刀

用來替麵團割劃各式紋理。

N・O：食物溫度計

N可以在不接觸麵團的情況下，測量出表面的溫度。至於O則是連麵團內部的溫度都能測量到。用來確認揉成溫度及發酵溫度。

P：濾茶器　Q：刷子

P用於最後步驟的撒粉，Q則是在塗抹油和蛋液時使用。

R：計時器

測量發酵時間和烘焙時間。

S：噴霧器

在麵團入爐烘焙前，先使用噴霧器噴水。

Roti Orang的麵包烘焙理論

以主材料製作低成分麵包（lean bread）時，只要將麵粉、酵母、水、鹽的比例調配得宜，便能烘焙出各式各樣的麵包。下圖為材料間的關聯性。水、麵粉與酵母三者之間，都有密不可分的關係。至於用來提味的鹽，也與麵粉＋水（蛋白質）、麵粉＋酵母（酵素活性）、酵母＋水（滲透壓）有所關聯。

對於各種主材料瞭若指掌後，就能自然而然的掌握材料用量，及理解性質改變時需要注意之處。

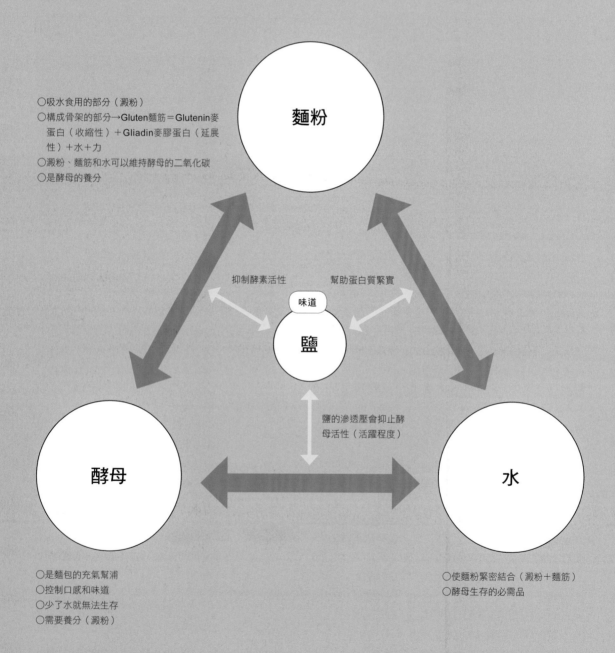

○吸水食用的部分（澱粉）
○構成骨架的部分→Gluten麵筋＝Glutenin麥蛋白（收縮性）＋Gliadin麥膠蛋白（延展性）＋水＋力
○澱粉、麵筋和水可以維持酵母的二氧化碳
○是酵母的養分

麵粉

抑制酵素活性   幫助蛋白質緊實

味道
鹽

鹽的滲透壓會抑止酵母活性（活躍程度）

酵母

○是麵包的充氣幫浦
○控制口感和味道
○少了水就無法生存
○需要養分（澱粉）

水

○使麵粉緊密結合（澱粉＋麵筋）
○酵母生存的必需品

麵包的
兩種烘焙方式。

以主材料烘焙的低成分麵包
（Lean bread）……P.13

主材料為麵粉、酵母、水、鹽。

使用上述材料經發酵烘焙而成的麵包。

＊鹽原屬於副材料，但在本書歸類為主材料。
發酵的定義是酵母的發酵，乳酸菌和醋酸菌的發酵則不算在內。

以主材料＋副材料烘焙的高成分麵包
（Rich bread）……P.65

所謂副材料是糖類、油脂、牛奶、蛋和餡料。

以副材料當成主材料的輔助角色，

發酵烘烤而成的麵包。

使用主材料烘焙
的低成分麵包

麵粉

FLOUR

麵粉是小麥類種子細磨而成的粉末。種子由麩皮、胚芽和胚乳構成，磨細後的胚乳就是白色麵粉。胚乳是種子發芽的營養庫，主要成分為糖分和蛋白質。糖分占整體的80％，蛋白質則占10％至15％。簡單來說，胚乳是種子的中心至近表皮的部位，由各種要素層疊而成。小麥種子的硬度依品種而異，分為硬質小麥、軟質小麥及半硬質小麥三類。即使每一粒種子都在相同環境下培育，性質也未必相同。

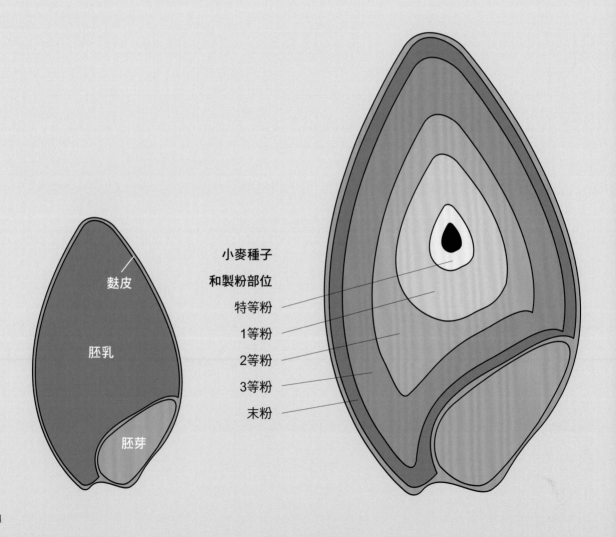

麩皮

胚乳

胚芽

小麥種子
和製粉部位

特等粉

1等粉

2等粉

3等粉

末粉

麵粉的成分

使用胚芽磨細製作的麵粉，含有各種成分。
由於麵粉的成分、顏色和硬度，會因為部位不同而有所差異，因此請牢記下表內容。

胚乳各部位的差異性

	灰分	味道濃淡度	顏色	硬度	粒度	蛋白質	麵筋	澱粉	澱粉質
接近 表皮部位 （外側）	多	濃郁（強）	灰	硬	大	多	少	少	粗劣
中心部分 （內側）	少	淡薄（弱）	白	軟	小	少	多	多	優質

灰分

在日文唸作「かいぶん」或「はいぶん」。當小麥完全燃燒後，糖分、脂質、蛋白質就會流失，徒留下灰燼。灰分的主要成分為鐵、鈣質、鎂等礦物質，灰分的含量越高，味道就會越強烈。當灰分含量超過0.5％，味道就會很明顯。灰分多半存在種子外側，由於該部位的色澤暗沉，所以粉末顏色呈現灰色（請參考上表）。純白色麵粉的灰分含量少。

蛋白質

小麥中的蛋白質，除了麵筋的相關成分（醇溶蛋白和麥穀蛋白）之外，還包含鹽溶性球蛋白、水溶性白蛋白、蛋白酶、酵素等。雖然「蛋白質≠麵筋」，不過「麵筋＝蛋白質」。所以小麥種子內側的麵筋含量高，外側的麵筋含量少，這點與蛋白質的含量恰好相反。若這點觀念沒有釐清，便容易衍生「蛋白質高＝麵筋含量高」的誤解，請特別留意。

〈透過灰分量、顏色與蛋白質以瞭解麵粉〉

灰分和蛋白質含量均低的白麵粉
使用胚乳中心部位磨製（中心部位的使用比例將近百分百），它的蛋白質是無數個與麵筋相關的成分。由於無味所以很好運用。

灰分和蛋白質含量均高的白麵粉
使用胚乳及胚乳靠近外側的部位磨製（外側和中心的比例為1：9）。略帶味道，也很好運用。

灰分和蛋白質含量均低的灰麵粉
使用胚乳外側與靠近中心的部位磨製（內側和外側的比例為9：1）。味道強烈，稍難運用。

灰分和蛋白質含量均高的灰麵粉
使用接近胚乳外側的部位磨製（外側部位的使用比例將近百分百）。味道強烈，很難運用。

硬度和顆粒度

若麵粉的手感如同粉雪般乾爽散開，代表含有許多接近胚乳中心的部位（內側）。略顯粗糙且手感沉甸的麵粉，則代表外側部分的含量高。

澱粉

將小麥種子的胚乳磨碎，等同於磨製澱粉。烘焙麵包時，容易偏重在麵筋上，但麵包的滋味是取決於澱粉聚合物（碳水化合物），而非麵筋。麵包成品的口感是Q彈還是乾硬，也是取決於澱粉的性質。

〈健全澱粉和損傷澱粉〉

澱粉依製粉方式分為「健全澱粉」和「損傷澱粉」兩種。「損傷澱粉」會吸收大量的水分，因此會呈現黏稠或Q彈的質地。澱粉的構造又分為「直鏈澱粉」和「支鏈澱粉」。「直鏈澱粉」是由葡萄糖組成的線性短構造聚合物，至於「支鏈澱粉」是葡萄糖以樹枝形分支組成的大構造聚合物。「支鏈澱粉」較能吸收大量水分。因此我將「直鏈澱粉」稱作粉質澱粉，「支鏈澱粉」則為膠質澱粉。

〈日本國產小麥也是膠質澱粉〉

日本國產中間質小麥麥的「支鏈澱粉」含量高於產自北美的小麥。尤其是名為「キタノカオリ（Kitanokaori）」的特殊品種，富含「損傷澱粉」及「支鏈澱粉」，是名符其實的膠質澱粉。由於日本人偏愛食用膠質澱粉，未來想必形形色色的麵包店都會使用它。

麵粉名稱的含意

近年來國產小麥的麵粉也開始在市面流通，但過去市售麵粉，絕大多數都是從美國與加拿大引進硬質小麥，再由麵粉廠加工製作。麵粉會先依品質分為特等粉、1等粉、2等粉、3等粉和末粉，並註明產地和品種。例如「1CW紅色系」＝品質為1等粉，產地為加拿大西部，小麥的種類為紅春小麥。

「高筋型中筋麵粉」和「中高筋型中筋麵粉」

硬質小麥會磨製出「高筋麵粉」和「中高筋麵粉」；軟質小麥會磨製出「低筋麵粉」；中間質小麥麥則會磨製出「中筋麵粉」。硬質小麥無法製作低筋麵粉和中筋麵粉。雖然日本國產小麥磨製出的應該是「中筋麵粉」，但由於市售麵粉並沒有作清楚的區分（請參考下表），因此本書的分法為高筋麵粉＝高筋型中筋麵粉；中高筋麵粉＝中高筋型中筋麵粉。

高筋型中筋麵粉與中高筋型中筋麵粉的分別

小麥種類	種子形狀	市售高筋麵粉	市售中高筋麵粉
硬質小麥		麵筋成分高	麵筋成分低
中間質小麥麥		原本是中筋麵粉，但麵筋成分高的卻被視為「高筋麵粉」販售，因此本書歸類為「高筋型中筋麵粉」	原本是中筋麵粉，但麵筋成分高的卻被當成「中高筋麵粉」販售，因此本書歸類為「中高筋型中筋麵粉」
軟質小麥		——	麵筋既有成分低，因此被當成「低筋麵粉」販售

注意！　原本麵粉強度＝麵筋含量，但市售麵粉則是以「蛋白質」含量的多寡以作區分。

〈 每種麵粉類型的揉捏力道 〉

含有較多胚乳外側部位的「高筋型中筋麵粉」的麵筋含量少，因此得輕柔揉捏，至於富含胚乳中心部位的「中高筋型中筋麵粉」的麵筋含量多，因此需要用力揉捏。

	高筋型中筋麵粉	中高筋型中筋麵粉
硬質小麥	用力揉捏	稍微用力揉捏
中間質小麥	稍微用力揉捏	輕柔揉捏
軟質小麥	越輕柔揉捏越好	越輕柔揉捏越好

市售麵粉介紹

○ 高筋麵粉（進口小麥）

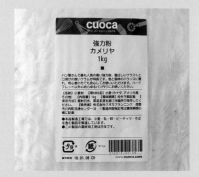

山茶／Camellia 1kg

蛋白質含量11.8%
灰分0.37%

在麵包業界最具盛名，高級麵包專用的高筋麵粉。散發香醇的小麥香及綿密濕潤的口感。常被應用於吐司、甜餡麵包、奶油麵包卷等方面。

超級山茶花／Super Camellia 1kg

蛋白質含量11.5%
灰分0.33%

最高級麵包專用的高筋麵粉。特徵為色澤白、具有柔軟口感及絕佳韻味。適用於表面紋理如絲綢般細緻、口感綿密濕潤的麵包。

海洋／Ocean 1kg

蛋白質含量13.0%±0.5%
灰分0.52%±0.04%

蛋白質豐富，最適合烘焙甜餡麵包和鬆軟麵包，也可應用在添加雜糧和堅果果乾的創意麵包上。

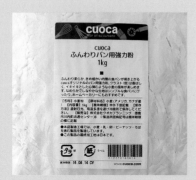

Cuoca鬆軟麵包專用 1kg

蛋白質含量11.7%±0.5%
灰分0.36%±0.03%

適合烘焙口感綿軟，內層紋理細緻的吐司，或原味吐司，當作三明治麵包也很不錯。

磨坊／Gristmill（石臼磨製）1kg

蛋白質含量13.5%±1.0%
灰分0.95%±0.10%

採用石臼磨製的加拿大優質小麥，風味佳。由於是粗磨研製，所以能烘焙出美味的麵包。

1CW（產自加拿大）1kg

蛋白質含量12.3%±0.3%
灰分0.39%±0.03%

使用100％全世界麵包專用小麥中評價最高的加拿大小麥，是質地鬆軟延展性佳的麵粉，可營造Q彈有嚼勁的口感。

○ 高筋麵粉（日本國產小麥）

ゆめちから100%（產自北海道）1kg

蛋白質含量12.5%
灰分0.48%

使用100%北海道超高筋小麥。特徵為擁有日本國產小麥前所未有的高蛋白質含量。口感Q彈有嚼勁。

はるゆたか100%（產自北海道）1kg

蛋白質含量11.5±1.0%
灰分0.46%±0.05%

使用100%具有壓倒性人氣的北海道小麥。味道濃郁甘甜，口感鬆軟綿密，適用於所有麵包。

キタノカオリ（產自北海道）1kg

蛋白質含量11.5%±1.0%
灰分0.49%±0.05%

屬於國產小麥相當好運用的新型高筋麵粉。烘焙出的麵包會呈現漂亮的深黃色。麵粉溫潤的味道使其他材料的風味得以發揮。

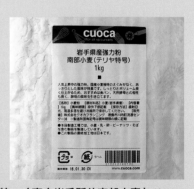

テリア特 （產自岩手縣的南部小麥）1kg

蛋白質含量10.5%±0.5%
灰分0.46%

麵粉特有的澀味較淡，因此味道清爽。可以應用在吐司、甜餡麵包、圓麵包等，算是萬用麵粉。

○ 中高筋麵粉

リスドォル／LYSODOR（法國麵包專用）1kg

蛋白質含量10.7%
灰分0.45%

這種麵粉是為了烘焙出道地法國麵包而研發，能夠輕易烘焙出酥脆口感，被日本麵包店廣泛使用。

ムール・ド・ピエール（石臼磨製的法國麵包專用粉）1kg

蛋白質含量10.5%±0.8%
灰分0.55%±0.1%

富含甜味系胺基酸，並配合法國原產地的小麥，所以味道比其他法國麵包專用的中高筋麵粉還甜。

タイプER／TYPE ER
（產自北海道的法國麵包專用粉）1kg

蛋白質含量10.5%
灰分0.66%

法國麵包和裸麥麵包、以天然酵母烘焙的麵包等硬麵包的專用麵粉。烘焙出來的麵包色澤偏黃且口感酥脆。

スローブレッドクラシック
（法國麵包專用粉）1kg

蛋白質含量11.5%±1.0%
灰分0.6%±0.1%

可以烘焙出具有小麥渾然天成濃郁韻味的麵包。每年都會更換使用的原料，品質有一定保證。

○ 全麥麵粉　　## ○ 裸麥麵粉

石臼磨製全麥麵粉500g

蛋白質含量14.0%±1.0%
灰分1.5%±0.15%

將產自北美的麵包專用小麥，以石臼
磨製而成的全麥麵粉。不僅具有石臼
研磨特有的風味，也富含礦物質和食
物纖維等營養素。

裸麥麵粉（細磨）250g

蛋白質含量7.5%
灰分1.6%

具有馥郁風味和獨特的酸甜味。由於
味道明顯，適合厚實的德國麵包。軟
系麵包的麵團也可加入少量製作。

裸麥麵粉（粗磨／產自北海道）250g

蛋白質含量7.5%
灰分1.6%

產自北海道裸麥獨有的馥郁香氣。建
議在麵團中揉入10%至30%。與果乾
和堅果類餡料的搭配性絕佳。

麥芽（Malt）

麥芽是由剛發芽的大麥（麥芽）製作
而成，分成糖漿和糖粉。澱粉分解酵
素（澱粉酶）的活性高，會分解麵粉
中的損傷澱粉，衍生出作為酵母養分
來源的糊精及葡萄糖。尤其是像法國
麵包這種麵團中不添加糖類的麵包，
為了替酵母灌注活力，因此必須使用
麥芽把麵粉中的澱粉分解成葡萄糖。
就算澱粉被分解了，但麵筋不會被分
解，所以麵團仍是維持鬆弛的狀態。

兩種麥芽
麥芽糖粉（左）和麥芽糖漿。麥芽糖
粉的優點是易於保存。麥芽糖漿易溶
於水，帶有微甜的味道和香氣。

酵母

YEAST

酵母的英文是Yeast。市售酵母、天然酵母及自製酵母都統稱為Yeast。使用於烘焙麵包的酵母是「釀酒酵母」（Saccharomyces・Cerevisiae）。烘焙麵包主要使用釀酒酵母的艾爾酵母（Ale yeast）、貝酵母（Saccharomyces bayanus）中的葡萄酒酵母（Wine yeast），及巴氏酵母（Saccharomyces Pastorianus）中的拉格酵母（Lageryeast，是艾爾酵母與葡萄酒酵母的交配種）。

烘焙麵包的酵母

原本麵包烘焙專用酵母都是天然酵母，主角則是艾爾酵母。酵母依製程分成三類，其一是由工廠大量生產（培養）的「商業酵母」。其二是工廠＋人工產出（培養）的「人工酵母」，其三是自家生產（培養）的「自製酵母」。酵母在培養上，又區分為僅使用一種酵母培養的單一酵母，以及使用兩種以上酵母培養的複合酵母。商業酵母是採用單一酵母，自製酵母是採用複合酵母。雖說是單一酵母，但每個產品的酵母種類卻各不相同，發酵上也存在著差異性。那麼，我們又該如何辨別酵母呢？舉例說明，「商業酵母」是職業棒球選手，「人工酵母」則是業餘棒球選手，至於「自製酵母」是玩票性質的棒球選手。想烘焙出中規中矩的麵包，就得僱用職業棒球選手；想要運動能力強，並樂在其中的烘焙麵包，就選擇業餘棒球選手；能夠接受偶爾失誤，認為這樣也別有一番樂趣的人，不妨考慮玩票性質的棒球選手。請依照酵母各自的特性，隨心所欲的烘焙即可。

酵母的分類

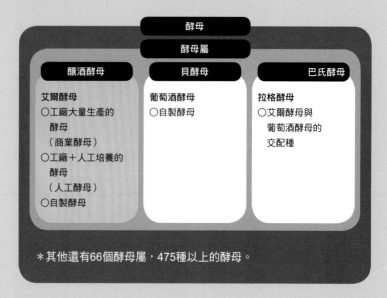

酵母		
酵母屬		
釀酒酵母	貝酵母	巴氏酵母
艾爾酵母 ○工廠大量生產的 　酵母 　（商業酵母） ○工廠＋人工培養的 　酵母 　（人工酵母） ○自製酵母	葡萄酒酵母 ○自製酵母	拉格酵母 ○艾爾酵母與 　葡萄酒酵母的 　交配種

＊其他還有66個酵母屬，475種以上的酵母。

促進酵母活性的5大條件（環境）

酵母會分解營養成分，進而轉變為活動的能量。負責分解養分的就是酵素，因此若想促進酵母活性，就得使酵素有活力。酵素是蛋白質的主要成分，在水中也能進行合成（緊密結合）和分解作用。將「分解作用」試想為一把在水中的剪刀，這把剪刀只會剪斷單一種類的物質（受質特異性）。換言之，分解麥芽糖的剪刀（酵素）只會對麥芽糖起作用，無法分解蔗糖和脂質。

① 溫度

酵素和酵母的適溫為4℃至40℃。酵素並非生物，而是在生物體內協助進行分解作用（生物觸媒）的成分，沒有熱能（溫度）就無法發揮效用。酵素會在4℃開始分解，到了30℃至40℃，酵素的分解速度（酵素活性）會達到巔峰，超過40℃後，分解速度就會陡然降低。而由蛋白質構成的酵素一旦超過50℃，蛋白質就會因熱衝擊而變形，超過60℃就會被徹底破壞掉（熱變性）。所以只要體內的酵素活性佳，酵母就會有效率的分解營養來獲取能量，並活力充沛的增值。

烘焙麵包與「揉成溫度」

烘焙低成分麵包時，得花一段時間等待澱粉分解。若麵團突然達到酵母的適溫，就會產生養分不足的情況。因此烘焙低成分麵包，必須預設好適合的揉成溫度。

由於高成分麵包的麵團中有添加砂糖，因此酵母沒有養分不足的問題。若揉成溫度設定成接近適溫，麵團就會在鬆弛過度前膨脹，烘焙出漂亮的麵包。揉成溫度高達30℃以上雖然對酵素的活性很好，但分解作用太強會產生過量熱能，造成麵團溫度過高，導致酵素難以作用，而成為烘焙失敗的原因。若麵團溫度過高，可透過翻麵或分割麵團來調整溫度。只要麵團中有酵母的養分，酵素就會持續保持活力，並連帶促進酵母的活性，使麵團確實膨脹。

揉成溫度和麵團狀態

揉成溫度	麵團狀態
溫度過低（5℃至10℃）	酵素難以發揮作用，酵母失去活力，造成麵團難以膨脹。
10℃至20℃	酵素和酵母的作用緩慢，麵團會橫向膨脹。
20℃至25℃	酵素和酵母均會作用，麵團的膨脹程度差強人意。
25℃至30℃	酵素和酵母都活力充沛，麵團會朝四面八方膨脹。

② 氧氣

發酵的狹義是「酒精發酵」，但是單靠「酒精發酵」，麵包也無法膨脹。由於酵母會呼吸，因此需要「氧氣」。麵包膨脹的兩大條件：不需要氧氣的「酒精發酵」，及酵母需要消耗「氧氣」進行的「呼吸作用」。一旦少了酵母的「呼吸作用」，發酵不僅耗時，烘焙的麵包也會帶有強烈酒味。所以酵母的「呼吸作用」是烘焙麵包的必備要素，氧氣更是不可或缺。相信寫成化學公式後，各位會更容易理解。

酒精發酵

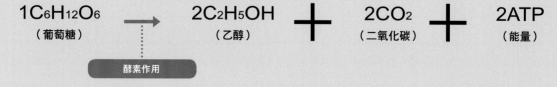

$$1C_6H_{12}O_6 \longrightarrow 2C_2H_5OH + 2CO_2 + 2ATP$$
（葡萄糖）　　　　（乙醇）　　　（二氧化碳）　　（能量）

酵素作用

＊ATP＝封閉在養分中的能量。

呼吸作用

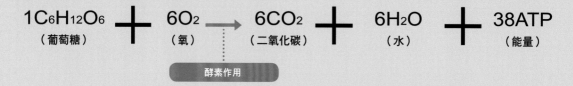

$$1C_6H_{12}O_6 + 6O_2 \longrightarrow 6CO_2 + 6H_2O + 38ATP$$
（葡萄糖）　　（氧）　　　（二氧化碳）　　（水）　　（能量）

酵素作用

雖然同樣使用1個葡萄糖（營養），然而「酒精發酵」獲得的能量只有2個，「呼吸作用」卻可以產出38個，這是因為「呼吸作用」加入「氧氣」造成的結果。1個氧氣會衍生出6個二氧化碳。雖然人一旦缺氧就會死去，但酵母卻會自動轉換成「酒精發酵」，藉此獲得缺氧也能延續生命的能量（儲存）。

③ 營養（養分）

為促進存在酵母體內的酵素活性，使之順利產生能量，相形下分解營養的效率也更為重要。酵母依養分來源，可區分為以麵粉澱粉內分解出的麥芽糖為主食的酵母（適合低成分麵包的酵母，麥芽糖分解酵素活性高），還有以砂糖（蔗糖）為主食的酵母（耐糖性酵母的蔗糖分解酵素活性高），兩種酵母都可以用來烘焙麵包。

酵母的發酵時間與味道的關聯

若花長時間烘焙麵包，麵團會緩慢膨脹，鬆弛的麵筋會導致麵團略朝橫向擴展，形成厚重的麵包。在揉成溫度的前述說明中（請參考P.23）曾提到，在酵素把澱粉分解成麥芽糖前，酵母會養分不足，只好分解非養分的蛋白質和脂肪，以設法產生能量，並緩緩釋出像是胺基酸等有機酸，乙醛、酮體等物質的苦味及澀味，及酯等香味（副產物），醞釀出麵包的風味。短時間烘焙的麵包雖然質地鬆軟，但由於副產物少所以味道淡薄，花長時間烘焙的麵包雖然質地硬實，但由於副產物多，因此風味馥郁。

④ pH值（酸鹼值）

酸pH值5至6的弱酸性會提高酵母活性。太過偏酸性或鹼性，同屬於蛋白質的酵母和酵素會容易變質毀損。

⑤ 水分

由於剪刀（酵素）在水中才會發揮效用，因此不能沒有水分。

便利性高的即溶乾酵母

市售乾燥酵母都是由新鮮酵母經乾燥處理而成的產物，但乾燥過程中會造成一部分的酵母死亡，導致發酵不穩定。因此要使用溫水和砂糖進行前置發酵。而即溶乾酵母在新鮮酵母乾燥處理時，添加了維他命C等成分以穩定酵母，成功克服了這個缺點。即溶乾酵母可以直接加入麵粉使用，穩定的發酵力和便利性為其魅力所在。本書也是使用即溶乾酵母。圖為France·saf公司生產的即溶乾酵母。金色（圖右）具備耐糖性，即使糖分含量12%以上的麵團也能使用。紅、金色都是125g。

〈自製酵母〉

自製酵母是利用酵母和酵素的特性，考量弱酸性、酵母適溫及養分豐富的環境製作的酵母。自製酵母的培養方式五花八門，在此簡單介紹其中一例——水果酵種的培養法。將帶有酸味的水果搗碎後，連同果皮（上面附著大量酵母）放入瓶中，加入少許砂糖（養分）並以溫水溶解，當二氧化碳出現時，得搖晃瓶身去除其存在。由於酒精味變得濃郁，酵母很有可能會失去活力，因此這時要將瓶子擺在（4℃以下）的冰箱，如此一來酵母就培育完成了。只要在酵母萃取液中加入麵粉（養分），酵母食用澱粉後就會增值，麵團也能逐漸膨脹。
＊其他自製酵母，還有使用裸麥製作的裸麥酵種（Ryesour），及以小麥製作的魯邦酵種（levain）、潘妮托尼酵種（Panettone）、白沙瓦酵種（White sour）等。

水

WATER

水在烘焙麵包的作用上，其一是為了讓麵粉吸水，其二是營造酵母繁殖的必要環境。前者會讓麵粉的麩蛋白和麥膠蛋白銜接，形成麵包的骨架——麵筋，且小麥澱粉（無筋麵粉）也必須直接吸水。水也影響到麵團的硬度調整。後者則是因為酵母繁殖少不了水，而且酵素也要有水才會發揮效用。水同時也是酵母養分（糖）的溶劑，兼具調節溫度的功能（會大幅影響揉成溫度）。因此若想要累積烘焙經驗，就必須先掌控預備水溫和環境溫度，這點相當重要。想知道水如何應用在烘焙麵包上，就得先認識水的硬度、pH值和水活性（結合水和自由水）。

硬度

硬度就是將溶解於水中的無機鹽類（礦物質）換算成碳酸鈣的數值。無機鹽類（礦物質）包含了鈉、鎂、鈣、鐵等，然而上述成分的含量卻無法單獨比較。這個道理等同於要棒球選手、足球選手和游泳選手比較誰的運動能力最強。這時必須進行共通運動測驗，方能進行綜合評價。只有鈣的含量高不能代表水的硬度高，就算鎂等物質的含量少，也有可能是高硬度。總之水的硬度是經過換算得出的數值，跟成分的標示無關。鎂、鐵等物質含量高，就會產生強烈的澀味，至於鈉及鈣等物質過多則會產生鹹味，因此即使是同硬度的水，味道也會不太一樣。

水的硬度與烘焙麵包的關聯

水的硬度會關係到麵團的緊實程度。加入硬度為0的水，麵團很難緊實；加入硬度過高的水則會太過緊實，導致麵團膨脹困難。因此得依據麵筋的含量，來辨別該使用何種硬度的水。對於麵筋含量高的麵包，及質地沒有很柔軟的麵團，加入低硬度的水不僅可以緊實麵團，還能使麵包膨脹成漂亮的形狀。相反的，麵筋含量低和太過柔軟的麵團，加入高硬度的水多少有助於麵團維持形狀。一般而言，像圓麵包、龐多米等麵包的麵團都有經過充分揉捏，所以使用硬度60的水，就會烘焙出美麗的形狀。日本的自來水硬度約30至50，倘若要烘焙像法國麵包等麵包，將水的硬度調整成接近法國自然水（200至300），較能烘焙出道地的口感。

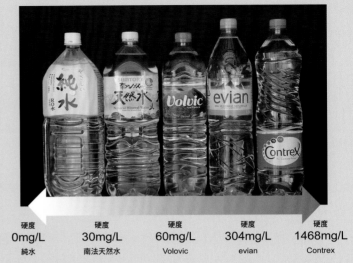

| 硬度 0mg/L 純水 | 硬度 30mg/L 南法天然水 | 硬度 60mg/L Volovic | 硬度 304mg/L evian | 硬度 1468mg/L Contrex |

---

pH值（酸鹼值）

pH值是以數字來表示溶於水中的氫離子濃度。代表將物質酸化或鹼化的強度，所以調整pH值，可以增強或減弱物質的酸鹼度。pH值是7則為中性，高於7是鹼性，低於7為酸性。當pH值離7越遠，就會呈現強鹼性及強酸性，影響力也會變大。

水活性（結合水＆自由水）

水在麵團中被區分為「結合水」和「自由水」。「結合水」會與蛋白質、糖、鹽等成分確實結合，並束縛水分子，就算在0℃以下也難以凍結，100℃時也不易蒸發。因為結合水連必要的微生物也無法利用，所以不易腐壞。凡「結合水」以外的水被統稱為「自由水」，具有易凍結、易蒸發、易被微生物利用、易腐壞的特性。

pH值與烘焙麵包的關聯

pH值一旦稍有誤差，就會帶給麵包極大的影響。一個誤差會產生10倍的影響力，兩個誤差則是100倍（由對數函數的算式計算的結果）。因此pH值多半會紀錄到小數點第一位。在酵母的說明中曾提過，絕大多數的酵母在弱酸性（pH＝5至6）的環境中活性最佳，因此微酸性的水，比鹼性水更能讓酵母快速發酵。一旦酸性太強，超過酵母活性最佳的pH值，麵團就會難以膨脹。

水活性與烘焙麵包的關聯

「結合水」的含量多，就能烘焙出具有濕潤感且保存期長的麵包。但想促進酵母活性，就得靠充分的「自由水」。蛋白質、鹽及糖含量過高的麵團會增加「結合水」的比例，但「自由水」的比例變少會讓酵母活性變差。切記別顧著追求濕潤感，導致麵團中只有「結合水」。例如：使用100％糖漿來揉製麵團，可能會烘焙出口感濕潤卻扁塌的麵包，因此要特別注意。至於「水活性」是用來表示「自由水」和「結合水」的比例。「自由水」100％＝「水活性」1，當「水活性」的數值越小，結合水的比例越高，微生物也越難繁殖。

鹽

鹽會對麵粉、酵母和水發揮作用，除了會影響到麵包風味之外，
還能使麵團緊實。雖然鹽的種類繁多，但建議使用富含礦物質的
天然鹽來烘焙麵包。

伯方之鹽 燒鹽／伯方鹽業
將產自墨西哥和澳洲的天日鹽田
鹽，以日本海水溶解成制鹽的原
料，因此殘留著恰到好處的鹽滷
味道。

葛宏德天然鹽／Guerande
（顆粒・海鹽）
產自法國布列塔尼半島的葛宏德鹽
田，使用海水制成別具韻味的鹽。
富含礦物質成分。

海人藻鹽／蒲刈物產
使用戶瀨戶內海的海水和海藻制
鹽，富含天然的鮮味和礦物質，呈
現不帶苦味的圓潤韻味。

鹽在烘焙麵包中扮演的角色

鹽的四大功用

① 提味（對比效果）

當麵團中有不同味道時，加入鹽會增添它的滋味。
使用在低成分麵包上，則是會襯托出麥香味。

② 使蛋白質變性（胺基和羧基）

讓麵筋等蛋白質，透過溶解等方式改變其結構，
進而緊實麵團。同時也會抑制酵素活性。

③ 製作結合水，抑制微生物繁殖

由於鹽可製作結合水，除了提高麵團保水力之外，還會抑制微生物繁殖，導致酵母不易發
酵。因為酵母攝取糖的速度被延遲，所以麵包較容易上色。

④ 提高滲透壓，引起脫水作用

鹽會提高水的滲透壓，奪走酵母內的水分，抑制酵母發酵。

鹽的使用方法

鹽不僅能緊實麵團的麵筋，還極易影響麵包的
風味。請依照麵筋含量，斟酌鹽的用量和種類
吧！

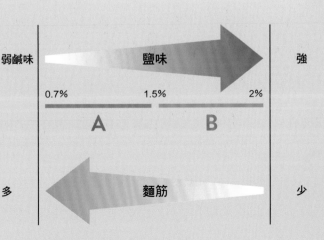

A 麵筋含量多時，鹽加太多會讓麵筋過度緊實，
造成麵團延展性差，因此得適量使用。

B 麵筋含量少時，加入較多的鹽也會使麵筋緊
實，提高麵團的保形性。加鹽會讓鹹味變重，
因此要挑選鹽滷成分高的鹽以降低鹹味。

先認識麵包烘焙流程的專用術語

烘焙百分比／Baker's percent

烘焙百分比是將麵粉的重量固定設定為 100%，再依照其他材料占麵粉百分比的比率（為國際認同的標示方法）以計算重量。由於烘焙百分比並非所有材料的百分比，因此計算比率的總和會超過100%。採用這種計算法，是因為麵粉在麵包配方中占的比例最大，因此適合當作標準。有了烘焙百分比，即使是少量或大量的麵團，也能輕易計算出其他材料的比例。

假設高筋麵粉100%，
砂糖5%，計算方式為下：

麵粉100g，砂糖則為100×0.05＝5g
麵粉1000g，砂糖則為1000×0.05＝50g

烘焙百分比與實際百分比

剛才提到烘焙百分比是麵粉100%時，各材料占麵粉的百分比，至於實際百分比是所有材料的總量為100%時，各種材料占的百分比，麵包烘焙材料表中，通常麵粉比例會標示成實際百分比100%。

老麵・中種・波蘭種・湯種

麵包烘焙中最基本的發酵法，是一次使用全部材料混合揉製的「直接法」。想烘焙稍微講究的麵包時，就得先另行製作麵種與主麵團揉合。在主麵團加入麵種後，味道、韻味及口感都會獲得提升，並烘焙出美味的麵包。以下將介紹坊間常用的三種發酵麵團與湯種。

老麵 （主麵團）	中種 （緊繃狀態）	波蘭種 （濕潤狀態）	湯種 （Q彈狀態）
將一部分在前一天揉好的麵團加入主麵團中一起揉捏。透過主麵團攪拌熟成老麵，烘焙出風味豐富的麵包。	一部分麵粉與酵母和水攪拌，待發酵後加入剩餘材料攪拌以製作麵團。分成二次攪拌可促進麵筋的延展性，以烘焙出穩定的麵包。	先在一部分麵粉中添加了水、酵母，讓麵團發酵成麵種，接著與主麵團一起揉捏。此法的重點在於麵粉和水必須等量。透過事前發酵的麵團，可改善麵團的延展性和味道。	在麵粉中加入沸水攪拌，使麵粉內的澱粉α化（糊化）後，再加入主麵團揉捏。烘焙出的麵包不僅口感Q彈，又能長久保持美味狀態。
○ 增添味道和風味。 ○ 由於追加了麵筋，可以縮短主麵團的揉製時間。 ○ 老麵的pH值為弱酸性，加入主麵團內可穩定酵母。 ○ 由於麵粉長時間與水緊密結合，因此能維持保水力。 ○ 老麵麵粉的100%是烘焙百分比。	○ 多少可增進味道和風味。 ○ 由於麵團偏硬，微生物難以發揮作用，所以要多加點酵母。 ○ 鞏固了麵筋骨架，因此可縮短揉製時間。 ○ 中種麵種的pH值為弱酸性，加入主麵團內可穩定酵母。 ○ 麵種的質地堅硬，麵粉與水會緊密結合，可稍微提高保水力。 ○ 可縮短發酵時間。 ○ 中種麵粉的100%是實際百分比。	○ 味道和韻味會更上一層樓。 ○ 麵團具有接近液體的柔軟度，微生物容易發揮作用，所酵母要少加一點。 ○ 麵筋結構脆弱易斷，會烘焙出口感酥脆的麵包。 ○ 波蘭種的pH值為弱酸性，加入主麵團內會大幅提昇酵母的穩定性。 ○ 由於麵種柔軟，麵粉與水會緊密結合，保水力高。 ○ 發酵時間較長。 ○ 波蘭種麵粉的100%是實際百分比。	○ 味道和滋味不變。 ○ 由於澱粉熱變性，等同沒有追加麵筋。 ○ 麵團結構脆弱易斷，會烘焙出口感酥脆的麵包。 ○ 湯種的pH值無助於穩定酵母。 ○ 小麥澱粉受熱後會α化，保水力非常強。 ○ 湯種麵粉的100%是實際百分比。（由於麵筋受損，約只有30%左右）

第一次發酵

當麵團攪拌完畢後，酵母在麵筋骨架之間，製造二氧化碳氣泡的過程。只要酵母周圍有氧，就會進行呼吸並分解糖，同時產生大量的主產物——二氧化碳，及能增添麵包滋味、美味及香氣的副產物。一旦二氧化碳過多，酵母就會失去活力，轉換為酒精發酵以分解糖，並緩慢囤積副產物。若想烘焙出鬆軟口感的麵包，就必須重視賦予酵母活力的過程。相對的，想烘焙出風味卓越、口感厚實麵包，就必須重視促進副產物囤積的過程。

翻麵和翻麵時機點

從麵團攪拌完畢到分割（第一次發酵）的過程間，必須替麵團翻麵。先來瞭解這段期間的麵團狀態，及掌握翻麵時機點的重要性吧！

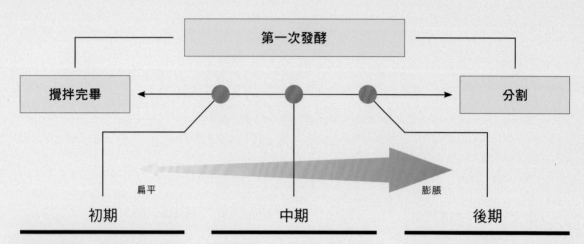

初期

攪拌好麵團後，趁氣泡尚未形成時翻麵，主要目的是強化麵筋。

中期

麵筋獲得強化。證據在於酵母活性佳，讓氣泡及二氧化碳變多。由於酵母從呼吸作用轉換為酒精發酵，所以活性會下降。因此我們要翻麵將二氧化碳消除，再次引導酵母呼吸。

後期

強化麵筋和賦予酵母活力。當揉成溫度與外部溫度產生差異時，麵團才會開始發酵，所以第一次發酵越接近後期，氣泡越會出現大小不一的情況。為促進溫度及氣泡的一致性，必須將麵團內側翻到外面，然後拉薄麵團折疊進行翻麵。

分割・滾圓

分割・滾圓麵團的功用，除了使麵包的大小重量相同之外，還能讓第一次發酵後移位的麵筋骨架其鬆弛程度和氣泡大小變得一致。當麵筋的方向一致，較容易推展成想要的形狀，打造出足以承受塑形力量的強韌麵筋骨架。

Bench Time醒麵

當分割・滾圓調整過的氣泡再度移位變大，鞏固過的麵筋骨架略顯鬆散時，就得靠醒麵來鬆弛麵團，幫助麵團的延展和塑形。

最後發酵

類似第一次發酵。目的是讓塑形後的麵團內部氣泡，及麵筋骨架均能進一步的擴展，藉此奠定想要的口感、滋味及香氣，也是烘焙麵包的最後一道烘焙流程。

烘烤

以下將烘烤過程分為麵包的擴展時間和凝固時間，麵團最後發酵的膨脹程度（膨脹率），會
因為時間及溫度而異。這裡所提到的麵團，是指處在剛攪拌完畢尚未產生氣泡的狀態。將此
麵團視為1，來評估最後發酵的麵團膨脹率。

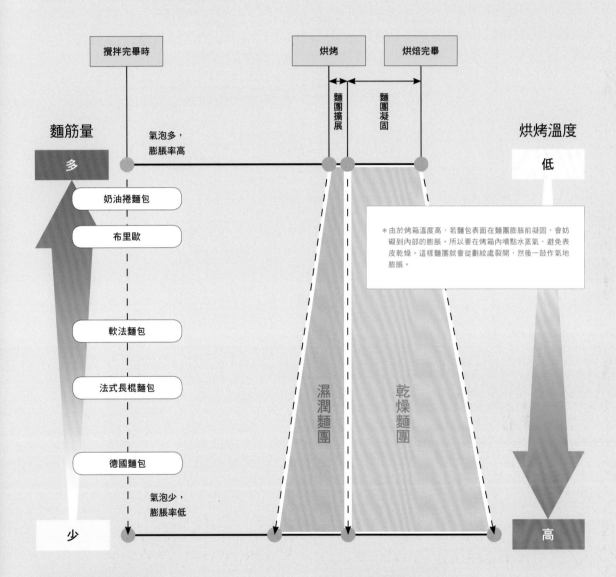

麵筋含量高的麵團揉好後

麵團最後發酵時會大幅膨脹，可待麵筋徹底鬆弛後再烘
烤。為了讓麵團形成薄膜，烘烤溫度要調低些。先鞏固
因蛋白質（麵筋）熱變性受損的麵包骨架，使大量的氣
泡受熱，麵團就會加倍膨脹，待澱粉徹底α化後，在含
水分的狀態下經短時間烘焙完畢。

麵筋含量少的麵團揉好後

麵團最後發酵時不會大幅膨脹，待麵筋鬆弛到一定程度
後，替麵團劃紋烘烤。為了讓麵團形成略厚的模，必須
以高溫烘烤。由於麵團不易導熱，因此麵筋（蛋白質）
不易因熱變性受損，麵包骨架的凝固也較花時間。此
外，麵團也會因氣泡受熱不易而膨脹緩慢，待澱粉徹底
α化後，在含水分的狀態下經長時間烘焙完畢。

使用高筋麵粉烘焙

由於麵團彈性佳，所以擴展不易。
烘焙出來的麵包具有質地緊密、內部Q彈及不易撕咬的特徵。

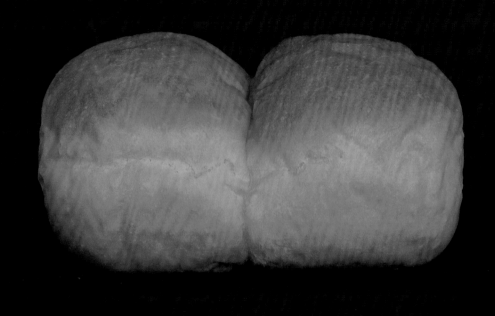

以主材料烘焙的低成分麵包──吐司

使用中高筋麵粉烘焙

由於麵團彈性差，導致烘烤後擴展膨脹至表皮快破裂的程度。
麵包內還四處充斥著大小不一的氣泡，雖然口感輕盈鬆軟卻欠缺一致性。

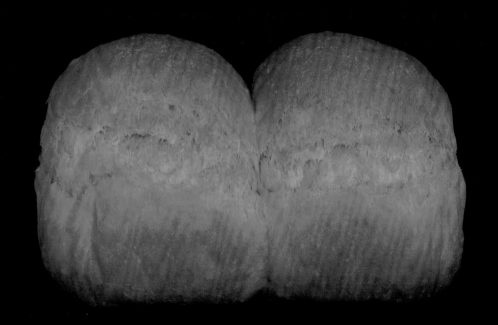

		烘焙百分比%
高筋麵粉（超級山茶花）	200g	100
＊放入塑膠袋秤重。		
即溶乾酵母	1.6g	0.8
鹽	3.6g	1.8
水	144g	72
Total	349.2g	174.6

攪拌麵團
　│　揉成溫度為27℃
　▼
第一次發酵
　│　設定30℃／60分鐘→翻麵→
　▼　設定30℃／30分鐘
分割麵團
　│　二等分
　▼
醒麵
　│　設定28℃／20分鐘
　▼
成型
　▼
最後發酵
　│　設定35℃／70分鐘
　▼
烘烤
　　設定200℃（含蒸氣）／10分鐘→改變
　　方向→設定200℃（無蒸氣）／13分鐘
　　至15分鐘

材料　　木烤模（大）各1個　　　　　　　**烘焙流程**

		烘焙百分比%
中高筋麵粉（TYPE ER）	200g	100
＊放入塑膠袋秤重。		
即溶乾酵母	1.6g	0.8
鹽	3.6g	1.8
水	144g	72
Total	349.2g	174.6

攪拌麵團
　│　揉成溫度為27℃
　▼
第一次發酵
　│　設定30℃／60分鐘→翻麵→
　▼　設定30℃／20分鐘
分割麵團
　│　二等分
　▼
醒麵
　│　設定28℃／10分鐘
　▼
成型
　▼
最後發酵
　│　設定35℃／50分鐘
　▼
烘烤
　　設定200℃（含蒸氣）／10分鐘→改變
　　方向→設定200℃（無蒸氣）／13分鐘
　　至15分鐘

麵粉倒入水中攪拌，會
比加水到麵粉內攪拌更
方便。

高筋麵粉的
烘焙流程

在盛水的調理盆內加入鹽，
以橡皮刮刀攪拌溶解。

酵母加入麵粉袋中，與麵粉充分混合後再倒入調理盆內。

攪拌麵團 ....

在盛水的調理盆中加入鹽，
以橡皮刮刀攪拌溶解。

酵母加入麵粉袋中，與麵粉充分混合後再倒入調理盆內。

中高筋麵粉的
烘焙流程

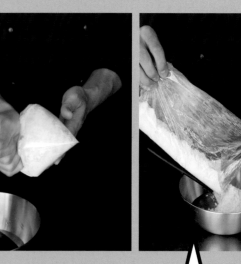

麵粉倒入水中攪拌，會
比加水到麵粉內攪拌更
方便。

雖然攪拌次數多於中高筋麵粉,但麵團依然是這種狀態。

攪拌成下圖的狀態很花時間。雖然麵粉和水的份量與中高筋麵粉相同,但麵團質地堅硬。

以刮刀攪拌到只剩些許麵粉殘留的程度後,將麵糊倒在工作檯上。

以刮刀攪拌到只剩些許麵粉殘留的程度後,將麵糊倒在工作檯上。

先攪拌麵粉和水,再以由下往上撈的方式反覆攪拌。

雖然攪拌的次數少,調理盆內卻已呈現下圖的狀態。

比高筋麵粉更快攪拌成麵團。雖然麵粉和水的份量與高筋麵粉相同,但麵團質地柔軟。

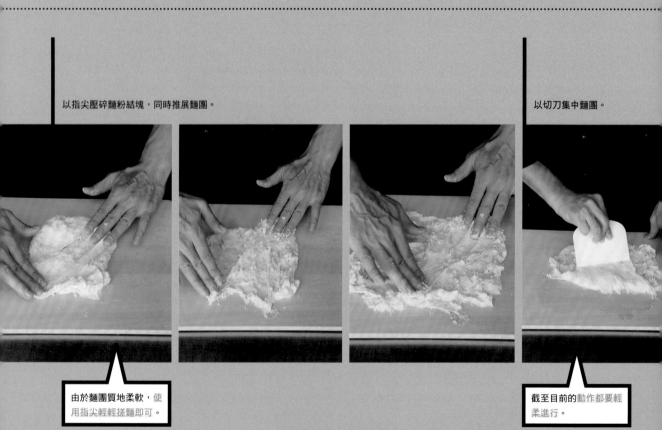

由於麵團質地堅硬，以手掌使勁推展。

使勁將麵團推鏟均勻。

以指尖壓碎麵粉結塊，同時像畫「八」字般推展麵團。

以切刀集中麵團。

以指尖壓碎麵粉結塊，同時推展麵團。

以切刀集中麵團。

由於麵團質地柔軟，使用指尖輕輕搓麵即可。

截至目前的動作都要輕柔進行。

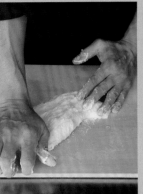

如同在洗衣板上搓洗毛巾。

力道和次數不足，會導致麵團無法成團。

重複20次「以掌根推展麵團→對折」的動作。

進行6組「摔打麵團→對折→改變方向」的動作，
每組動作作6次。
每組流程摔打麵團的力道是由「弱→強」。

進行3組「摔打麵團→對折→轉向」的動作，
每組動作作6次。
每組流程摔打麵團的力道是由「弱→強」。

摔打次數少於高筋麵粉，是因為次數
太多會使麵團裂開，請特別留意！

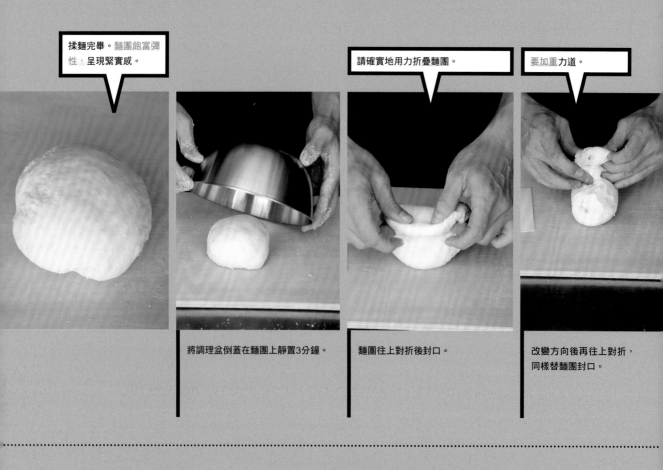

揉麵完畢。麵團飽富彈性，呈現緊實感。

將調理盆倒蓋在麵團上靜置3分鐘。

請確實地用力折疊麵團。

麵團往上對折後封口。

要加重力道。

改變方向後再往上對折，同樣替麵團封口。

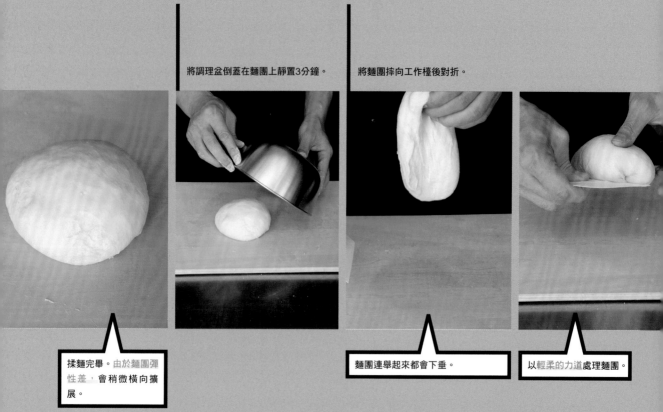

將調理盆倒蓋在麵團上靜置3分鐘。

將麵團摔向工作檯後對折。

揉麵完畢。由於麵團彈性差，會稍微橫向擴展。

麵團連舉起來都會下垂。

以輕柔的力道處理麵團。

麵團黏度低，不會黏手。

由於麵團彈性強，中央會呈現圓圓的隆起。

雙手將麵團滾圓後，放入容器中。

揉成溫度
27℃

〈發酵前〉　〈發酵後〉

維持30℃發酵60分鐘

第一次發酵

維持30℃發酵60分鐘

改變麵團方向，同樣朝工作檯上摔打後對折。
以雙手滾圓麵團後，放入容器內。

揉成溫度
27℃

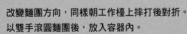

〈發酵前〉　〈發酵後〉

由於麵團的彈性差，一拿起來就會像這樣往下垂。

由於麵團會黏手，所以要儘快進行。

由於麵團彈性差，麵團整體僅呈現微微的隆起。

面對堅硬的麵團，撒上少許手粉即可！就算切刀徹底插進去，也不會沾黏麵團。

以拖曳的方式拉出麵團。

使用少量的手粉即可。

在工作檯和麵團附近撒上薄薄一層的手粉。
以切刀插入容器內側邊緣，將麵團倒在工作檯上。

指尖沾好手粉後，將麵團推展成長方形。

翻麵

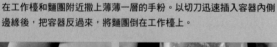

在工作檯和麵團附近撒上薄薄一層的手粉。以切刀迅速插入容器內側邊緣後，把容器反過來，將麵團倒在工作檯上。

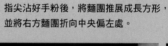

指尖沾好手粉後，將麵團推展成長方形，並將右方麵團折向中央偏左處。

由於麵團會沾黏，因此切刀插入容器後要迅速拔出來。

無需施加外力，等待麵團自然落下即可。

由於麵團容易黏手，所以要多沾點手粉。

由於麵團易黏手，切勿過度觸摸。

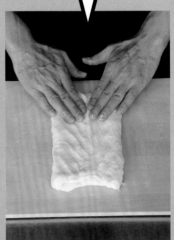

充分按壓到會麵團會殘留壓痕的程度。

將麵團兩側折向中心。　　　　　　　　輕輕地按壓麵團去除氣泡。　　　　將下方麵團折往中心。

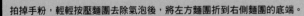

拍掉手粉，輕輕按壓麵團去除氣泡後，將左方麵團折到右側麵團的底端。　　　　　　將麵團輕柔壓平。

以在麵團上只會略留下壓痕的輕柔力道來按壓麵團。

43

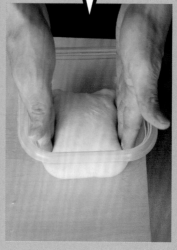

由於麵團堅韌有彈性，可以直接放入容器中。

麵團不會沾黏在容器上。

〈 發酵前 〉

將下方麵團折向中央，兩側麵團向下折入，以手將麵團整成可放入容器的大小後，確實封口。
接著封口朝下放入容器內。

維持30℃發酵30分鐘

維持30℃發酵20分鐘。

〈 發酵前 〉

撒上手粉，雙手一邊將麵團兩側朝下方收攏，一邊捧起麵團。
待調整完形狀後，輕輕地放入容器內。

由於麵團缺乏彈性，因此要從左右施力收攏麵團。

透過折疊麵團以增強彈性。

麵團容易沾黏在容器上。

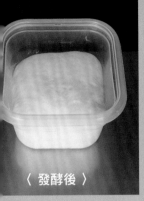

〈 發酵後 〉

由於麵團彈性強，萬一發酵時間不夠長，會使麵團變得緊繃且不易膨脹。

在工作檯和麵團附近略微撒上一些手粉。

以拖曳的方式拉出麵團。

以切刀插入容器內側邊緣，將麵團倒在工作檯上。

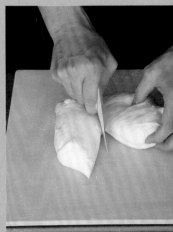

以切刀將麵團對半切開。

分割

在工作檯和麵團附近撒上較多的手粉。

以切刀插入容器內側邊緣，將容器反過來，再將麵團倒在工作檯上。

以切刀將麵團對半切開。

〈 發酵後 〉

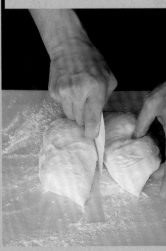

由於麵團彈性差，所以容易膨脹。不過麵團彈性會隨著時間而消失，變得容易扁塌。

無需施加外力，等待麵團自然落下即可。

替麵團秤重，調整為等量。

輕輕地壓開麵團，將下方麵團向上對折。

改變麵團方向再次折疊。

替麵團秤重，調整為等量。

下方麵團向上對折後，封口朝上。

改變麵團方向再次折疊。

由於麵團彈性差，所以不壓開也沒關係。

要確實地用力使麵團成型。

由於麵團堅韌有彈性，所以要花多點時間讓麵團鬆弛。

即使用力按壓，麵團也很難延展。

麵團折疊2次後彈性就會變好。下圖為第1次。

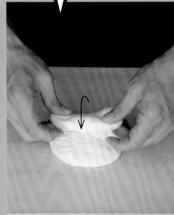

替麵團調整形狀。另一個麵團也按同樣作法處理。

以濕毛巾蓋在麵團上，維持28°C靜置20分鐘。

封口向上擺後，將麵團壓成圓餅狀。

下方麵團向上對折。

醒麵

成型

替麵團調整形狀。另一個麵團也按同樣作法處理。

以濕毛巾蓋在麵團上，維持28°C靜置10分鐘。

工作檯撒上少許手粉，將麵團翻過來。以手掌輕輕按壓的同時，將麵團整塑成圓形。

上方麵團向下對折，再以手按壓。

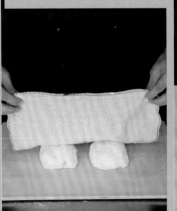

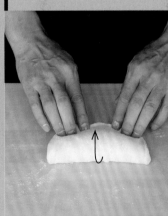

以輕柔的力道替麵團成型。

由於彈性差的麵團很快就會鬆弛，因此靜置時間較短。

麵團質地黏稠，所以要撒手粉。只要輕輕按壓就能壓開麵團。

第2次對折

在腦中想像球形，使勁地替麵團塑形。

形成如圖中的球狀。

改變麵團方向，再度對折麵團。

將麵團放在手上，封口向下收攏6次至7次，同時替麵團調整形狀。

將麵團旋轉90度，進行該動作4次。

將麵團四個邊角折到中央。以最後的邊角包住折疊的部位，再壓入麵團內部封口固定。

輕輕地折疊4次，麵團的彈性就會變好。

折疊麵團的速度要快，麵團彈性才會好。動作緩慢會導致麵團彈性不佳，要特別留意。

將封口朝下放入烤模中。另一個麵團也按同樣作法成型。

〈 發酵前 〉

由於麵團彈性強，所以多花點時間才會膨脹。

〈 發酵後 〉

烤箱預熱至200℃（含蒸氣）後，將麵團擺在下段烤盤上烘烤10分鐘。改變麵團方向，以200℃（不含蒸氣）烘烤13分鐘至15分鐘。

維持35℃發酵70分鐘。

最後發酵

烘烤

將封口朝下放入烤模中。另一個麵團也按同樣作法成型。

維持35℃發酵50分鐘。

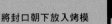

烤箱預熱至200℃（含蒸氣）後，將麵團擺在下段烤盤上烘烤10分鐘。改變麵團方向，以200℃（不含蒸氣）烘烤13分鐘至15分鐘。

〈 發酵前 〉

〈 發酵後 〉

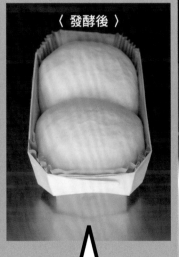

由於麵團彈性差，所以在短時間內就會充分膨脹。

使用高筋麵粉烘焙

與低成分麵包相同。
由於麵團有彈性，因此延展性不佳。
烘焙出來的麵包具有質地緊實、
內部Q彈及麵皮不易撕咬的特徵。

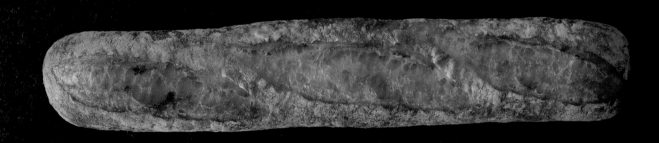

以主材料烘焙的低成分麵包法式長棍麵包

使用中高筋麵粉烘焙

由於麵團彈性差，導致烘烤後擴展膨脹至表皮快破裂的程度。
麵包內四處還充斥著大小不一的氣泡，
雖然口感輕盈鬆軟卻欠缺一致性。

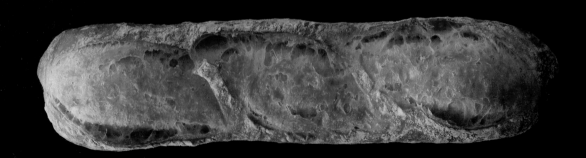

		烘焙百分比%
高筋麵粉（超級山茶花）	200g	100

＊放入塑膠袋秤重。

即溶乾酵母	0.4g	0.2
老麵	40g	20

＊在前一日比照主麵團攪拌至第一次發酵的作法製作出老麵麵團，放入冰箱內備用。使用時將老麵擺在常溫下15分鐘退冰。至於剩下的老麵，同樣成型並比照相同作業流程烘烤。

鹽	4g	2
水	150g	75
Total	394.4g	197.2

攪拌麵團
揉成溫度為23℃

第一次發酵
設定28℃／40分鐘→密封於塑膠袋後擺入冰箱。

分割麵團
二等分

醒麵
設定28℃／20分鐘

成型

最後發酵
設定28℃／40分鐘

烘烤
烤箱預熱至250℃→以220℃（含蒸氣）烘烤7分鐘→改變方向→以250℃（無蒸氣）烘烤20分鐘至25分鐘

材料 30cm至35cm的法式長棍麵包 各2根 **烘焙流程**

		烘焙百分比%
中高筋麵粉（TYPE ER）	200g	100

＊放入塑膠袋秤重。

即溶乾酵母	0.4g	0.2
老麵	40g	20

＊在前一日比照主麵團攪拌至第一次發酵的作法製作出老麵麵團，放入冰箱內備用。使用時將老麵擺在常溫下15分鐘退冰。至於剩下的老麵，同樣成型並比照相同作業流程烘烤。

鹽	4g	2
水	150g	75
Total	394.4g	197.2

攪拌麵團
揉成溫度為23℃

第一次發酵
設定28℃／20分鐘→翻麵→設定28℃／20分鐘→翻麵→密封於塑膠袋後擺入冰箱。

分割麵團
二等分

醒麵
設定28℃／10分鐘

成型

最後發酵
設定28℃／20分鐘

烘烤
烤箱預熱至250℃→以220℃（含蒸氣）烘烤7分鐘→改變方向→以250℃（無蒸氣）烘烤20分鐘至25分鐘

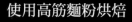

使用高筋麵粉烘焙

在調理盆內放入鹽，
加水以橡皮刮刀攪拌溶解。

在麵粉袋中加入酵母，
搖晃袋子混合均勻。

老麵先放置在室溫下
15分鐘後再加入。

將老麵撕成小塊
放入調理盆中。

攪拌麵團 ....

在調理盆內放入鹽，
加水以橡皮刮刀攪拌溶解。

在麵粉袋中加入酵母，
搖晃袋子混合均勻。

將老麵撕成小塊
放入調理盆中。

使用中高筋麵粉烘焙

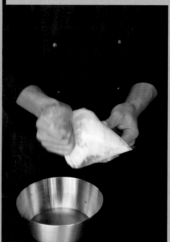

老麵先放置在室溫下
15分鐘後再加入。

由於麵筋強，要多費點力氣，麵粉才會與水充分混合。

加入麵粉，以橡皮刮刀攪拌到只剩些許麵粉殘留的程度。

重複「以五根手指將麵團掐成兩塊→上下堆疊」的動作。

加入麵粉，以橡皮刮刀攪拌到只剩些許麵粉殘留的程度。

重複「以拇指和食指將麵團掐成兩塊→上下堆疊」的動作。

由於麵筋弱，以握捏的手法就OK。

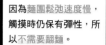
因為麵團鬆弛速度慢，觸摸時仍保有彈性，所以不需要翻麵。

由於水和麵粉不好混合，因此需要攪拌16次。

揉成溫度
23℃

〈 發酵前 〉

〈 發酵後 〉

重複攪拌麵團16次，
直到粉狀感消失為止，再將麵團放入容器中。

維持28℃發酵40分鐘。

第一次發酵

維持28℃發酵20分鐘。

重複攪拌8次，直到粉狀感消失為止，
再將麵團放入容器中。

揉成溫度
23℃

〈 發酵前 〉

〈 發酵後 〉

由於麵粉和水容易混合，所以攪拌次數少。

麵團很快就鬆弛。

＊ 以高筋麵粉烘焙不需要翻麵

翻麵（第一次） .... **翻麵**（第二次） ....

切刀插入麵團的一邊鏟起麵團後，再對折。其餘三邊也比照處理。

蓋好蓋子以**28˚C**發酵**20分鐘**。

再次以切刀插入麵團的一邊，將麵團鏟起。

〈 發酵前 〉

〈 發酵後 〉

由於麵團很快又會鬆弛掉，所以要進行第二次翻麵來緊實麵團。

本步驟主要是防止冰箱內的麵團乾燥，及避免麵團鬆弛。

 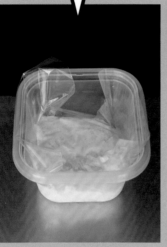

以較厚的塑膠袋密封麵團表面，
再蓋上蓋子放冰箱冷藏一晚。

以切刀撕開塑膠袋。
在工作檯和麵團周圍撒上較多的手粉。

分割

對折麵團。
其餘三邊也比照處理。

以較厚的塑膠袋密封麵團表面，
再蓋上蓋子放冰箱冷藏一晚。

以切刀輕輕地撕開塑膠袋。

在工作檯和麵團周圍
撒上較多的手粉。

由於麵團仍很鬆弛，
因此必須翻麵。

由於麵筋較容易黏
手，因此手粉的用量
要比高筋麵粉的麵團
再多一點。

   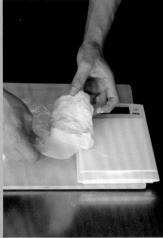

以切刀插入容器內側邊緣後，
將容器反過來，再將麵團倒在工作檯上。

以切刀對半切割麵團，同時秤重調整成等量。

以切刀插入容器內側邊緣後，將容器反過來，
再將麵團倒在工作檯上。

以切刀對半分切麵團，同時秤重調整成等量。
為調整份量，將分割過的麵團提拉為長條狀，擺在麵團中央。

  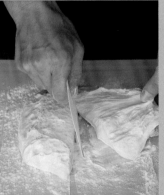 

由於麵團黏稠容易沾
黏，因此切刀插入的速
度要快。

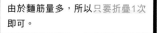

感覺如同將左右兩側的麵團折疊在一起。

由於麵筋量多,所以只要折疊1次即可。

為調整份量,將分割過的麵團提拉為長條狀,擺在麵團中央。

將右方麵團折向左側,以裹住麵團的切割面。

封口朝下擺放。另一個麵團也比照相同作法處理。

提起右方麵團,輕柔地往左折到麵團的1/3處。

再度折疊麵團裹住封口。
另一個麵團也比照相同作法處理。

徹底提起麵團折疊。

由於麵筋量少,所以要折疊2次。

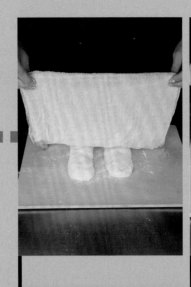

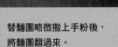

替麵團略微撒上手粉後，
將麵團翻過來。

蓋上濕毛巾，
以**28**°C靜置**20**分鐘。

| 醒麵 | 成型 |

蓋上濕毛巾，
維持**28**°C靜置**10**分鐘。

替麵團確實地撒上手粉後，
將麵團翻過來。

在工作檯上撒上較多的手粉，封口朝下擺放麵團。

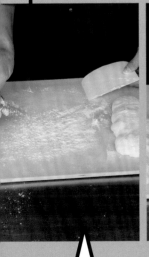

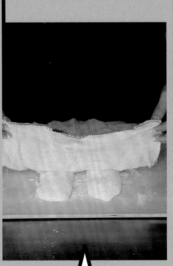

由於麵團會黏手，所以
必須撒手粉。

雖然醒麵時間短於高筋麵粉的麵團，
麵團卻很鬆弛。

以指頭向後推，並非向下壓。

這樣下方麵團的箭頭部位就會變得堅固。

迅速拍掉手粉，將下方麵團往上折疊（折至麵團1/3處）。

雙手無名指抵在封口上，然後朝後方按壓。

迅速拍掉手粉，
下方麵團輕輕地往上折疊（折至麵團1/3處）。

雙手無名指輕抵在封口上，
然後朝後方輕輕地按壓。

   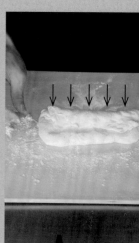

由於麵團容易破裂，切記不能向下施力。

麵團外側的箭頭部位會變得堅固。

 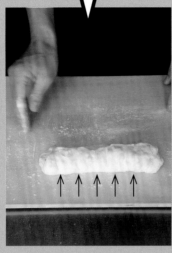 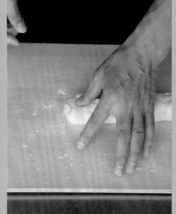 

左手拇指擺在麵團的邊緣上，右手將麵團向後折疊。

左手拇指放在麵團的邊緣上，
右手拇指指根沿著麵團一邊壓一邊捲，以折疊麵團。

左手拇指擺在麵團的邊緣上，
右手將麵團向後折疊。

左手拇指放在麵團的邊緣上，
右手拇指指根沿著麵團一邊壓一邊捲，以折疊麵團。

 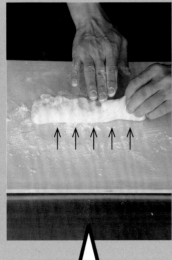  

61

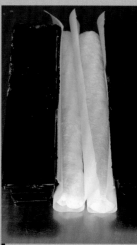

邊捲邊折就會形成偏斜的封口。若封口呈一直線，麵團就會變形閉合。

麵團背面會形成偏斜的封口。

在麵團背面撒上充足的手粉並滾動麵團。將封口朝下，分割成12×35cm的大小後，放在烤爐紙上。另一個麵團也比照同樣作法處理。

在麵團兩側擺放兩個長度相同的烤模（或書），輕柔地夾住麵團。

維持28℃發酵40分鐘

- -

最後發酵

維持28℃發酵20分鐘

在麵團背面撒上充足的手粉並滾動麵團。將封口朝下，分割成12×35cm的大小後，輕輕地擺在烤爐紙上。另一個麵團也比照相同作法處理。

在麵團兩側擺放兩個長度相同的烤模（或書），夾緊麵團避免鬆弛。

麵團背面會形成偏斜的封口。

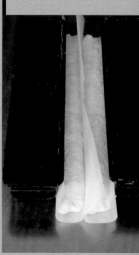

邊捲邊折就會形成偏斜的封口。若封口呈一直線，麵團就會變形閉合。

使用斜切的方式劃紋路，以增加紋路
的重疊部分。

為避免麵團沾黏，以濾　　以麵團割紋刀斜劃三道　　　烤爐預熱至250℃後，以木板等物品將麵團擺放於上層烤板。在下
茶網薄篩一層手粉。　　　紋路。　　　　　　　　　　層烤板噴水，溫度調低至220℃（含蒸氣）烤7分鐘。接著改變麵
　　　　　　　　　　　　　　　　　　　　　　　　團方向，以250℃（無蒸氣）烘烤20分鐘至25分鐘。

烘烤

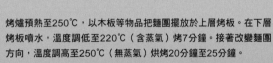

為避免麵團黏手，以濾　　以麵團割紋刀　　　　　烤爐預熱至250℃，以木板等物品把麵團擺放於上層烤板。在下層
茶網薄篩一層手粉。　　　斜劃三道紋路。　　　　　烤板噴水，溫度調低至220℃（含蒸氣）烤7分鐘。接著改變麵團
　　　　　　　　　　　　　　　　　　　　　　　　方向，溫度調高至250℃（無蒸氣）烘烤20分鐘至25分鐘。

使用接近直切的方式斜劃麵團，以減
少紋路的重疊部位。

使用
主材料＋副材料
烘焙的高成分麵包

糖類

SUGAR

雖然砂糖、蜂蜜和煉乳皆能用來烘焙麵包，但呈現的甜味卻各不
相同。顆粒狀和液狀的糖容易溶解，很適合烘焙麵包。由於每種
糖的味道都不一樣，請依目的選擇適用的糖類。圖中從左起依序
為紅糖、細砂糖、上白糖、蜂蜜、棗糖漿、煉乳。

糖類的功用

糖類除了能提味、輔助酵母及水之外，還有抑止麵筋的作用。
同時糖類也會影響麵包的烘烤色澤。

味道

帶出麵團的甜味和滋味。加入砂糖（以蔗糖為主要成分）後，可直接嚐到甜味。接著糖會被酵母分解，產生酒精、乙醛、酮體、酯類等構成麵包風味成分的副產物。

烘烤色澤

砂糖經高溫烘烤後，會呈現兩種烤色。一種是焦糖化的烤色，另一種烤色衍生自砂糖、蛋白質（胺基酸）及熱產生的美拉德反應*（Maillard reaction）。糖類也會因為燒烤溫度、時間及蛋白質的不同，衍生出各式各樣的香味成分。含糖麵包具有以主材料烘焙的麵包所沒有的香味和烤色，主要也是因為美拉德反應。因此若想只以主材料烘焙出香氣馥郁的麵包時，最好選擇蛋白質含量較高的麵粉。若使用麵筋含量高的麵粉（標示蛋白質含量較少的高筋麵粉），會烘焙出口感鬆軟卻缺乏馥郁香味的麵包。

＊美拉德反應是透過加熱胺基酸和羰基化合物（葡萄糖和果糖等）產生的化學反應，會替表皮增添烤色。

酵母的輔助角色

以蔗糖為主要成分的糖類，是酵母生存上不可或缺的直接養分來源。相反的，像是從澱粉等物質分解出的麥芽糖，由於產出過程的延遲，所以是酵母的間接養分。無論如何，依據直接養分或間接養分來調整使用量非常重要。為了讓酵母能更活力充沛的發酵，糖的用量範圍占麵粉量的0％至10％即可。若放入太多的糖（10％至35％），滲透壓會抑止酵母的發酵速度，一旦糖的用量超過50％，酵母的發酵速度就會急轉直下。

水的輔助角色

砂糖具有與水緊密結合的特性（結合水），將結合水加入麵團中，就能烘焙出口感濕潤又能長久保存的麵包。不過像上白糖般的粉狀砂糖，與蜂蜜等液狀砂糖的使用方式並不相同。蜂蜜等液狀砂糖本身就含有結合水，所以之後添加的水量，須減掉液狀砂糖內的結合水量（若是蜂蜜須先扣除20％）。

抑止麵筋形成

雖然製作麵筋時不需要砂糖，但砂糖是酵母的必要養分。若在麵粉形成麵筋時加入砂糖，麵團的完成時間就會被拖長。

油脂

油脂擔任主材料的輔助角色，分成固態（堅硬）和液態（柔軟）
兩類。每種油脂都各自有適合的麵包，請搭配目的來選用。下圖
從左起依序為橄欖油、沙拉油、奶油（上）、起酥油。

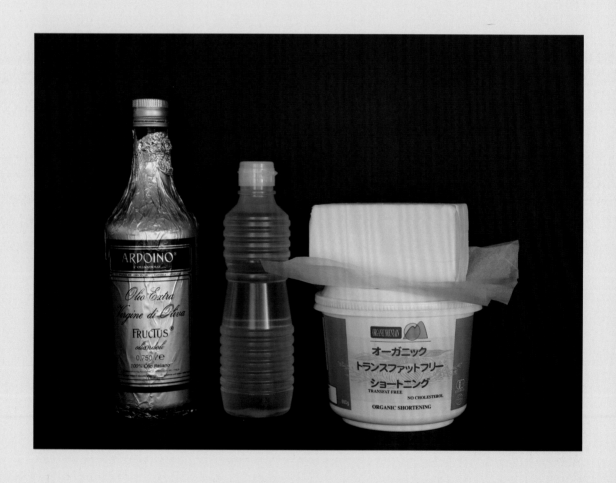

油脂的功用

油脂在烘焙麵包中，扮演著影響麵筋擴展的輔助角色。

味道

替麵包增添油脂特有的味道跟香氣。

麵筋擴展性的輔助角色

油脂可以增強或減弱麵粉內形成的麵筋骨架。請衡量添加油脂的時機點和功用吧！

麵筋會進行「擴展」和「收縮」作用。
麵粉＋水→因麥膠蛋白的作用而「擴展」
　　　　→因麥蛋白的作用而「收縮」

攪拌麵團時，「擴展」和「收縮」的作用會同時進行。但隨著攪拌次數增加，麵團的「收縮」作用會變強。此時加入同為固態的「堅硬」油脂，油脂就會發揮潤滑油的功用，打造「收縮」＋「擴展」俱佳的麵團，成為輔助麵團「擴展」的角色。有延展性的麵團，可以烘焙出輕盈鬆軟的麵包。若在攪拌麵團前，加入液態油脂（液體）與水，攪拌時油脂就會妨礙「收縮」作用，製作出只有「擴展」作用的麵團，可烘焙出食感優良又酥脆的麵包。

油脂和麵包的契合度

油脂	
固體（堅硬）	**液體（柔軟）**
奶油 提昇麵團的層次感和香味，適合味道濃郁的麵包。不添加食鹽的人只要使用它，就能不必調整鹽分濃度，相當方便。	**沙拉油** 由於香味淡，適用於味道清爽又口感酥脆的麵包。
起酥油（無反式脂肪） 適用於想烘焙出軟綿綿的低成分麵包。由於無香氣跟味道，當不想影響到副材料的味道和香氣時，也能派上用場。	**橄欖油** 由於有香味，適用於香氣和味道俱佳，口感酥脆的麵包。

乳製品

乳製品是由牛奶加工製作成鮮奶油、脫脂鮮奶等（鮮奶也算在內）的食品。部分乳製品也含有油脂，像是乳脂肪也算是液體油脂，所以會妨礙到麵筋骨架的形成。含脂肪的乳製品可以當作主材料的輔助角色。下圖左起依序為鮮奶油、脫脂奶粉、鮮奶。

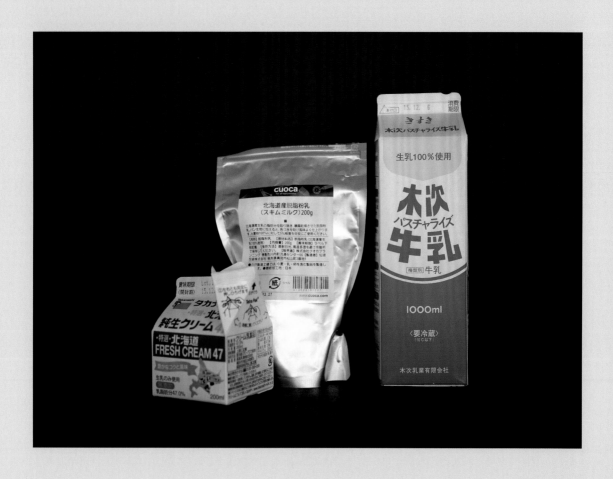

乳製品的功用

乳製品具有控制口感、改善烘烤色澤等功用。

味道

替麵包增添主材料缺乏的層次感和風味。

改善烘烤色澤

添加含有乳糖和乳蛋白質*的乳製品會產生美拉德反應，烘焙出烤色美麗又香氣四溢的麵包。此外，在麵包表面塗上鮮奶後再烘烤，也會提昇麵包的光澤度和香氣。

＊乳糖和乳蛋白質是鮮奶中的糖與蛋白質。

控制口感

利用麵筋骨架製作麵團時，我們會在麵粉中加水攪拌，但乳製品的脂肪比例，會改變麵筋的形成方式。烘焙麵包使用的乳製品，乳脂肪介於0%至45%，乳脂肪可能會讓麵筋骨架完美銜接（軟綿綿的麵包），也可能造成妨礙，導致麵筋骨架支離破碎（酥脆的麵包）。至於粉狀的脫脂奶粉，會使麵團變硬而導致酵母發酵不佳。為避免妨礙發酵，請將乳脂肪在設定在8%左右。

【 乳製品在烘焙上的差異 】

鮮奶油（乳脂肪含量高）	很難形成麵筋	酥脆的麵包
鮮奶（乳脂肪含量少）	形成少量麵筋	酥脆柔軟的麵包
脫脂奶粉（不含乳脂肪）	容易形成麵筋	柔軟的麵包

蛋

EGG

蛋在烘焙麵包上，分成蛋黃和蛋白。兩者在輔助主材料上，
各有不同的功用。

蛋黃的功用

主要在於提昇麵包的層次感和風味。蛋黃還含有許多擁有乳化作用的蛋黃磷脂，
因此蛋黃中的脂肪可以和水均勻混合，讓麵團揉起來很順手。因此就算是添加堅
硬的油脂進去，也可以與麵團順利融合，間接提昇麵筋骨架的擴展性。再者，麵
團也會因乳化作用而提高保水性。

蛋白的功用

蛋白中約90％是水分，其餘多半是以白蛋白為主體的蛋白質。蛋白質於烘烤時
會因熱變性而凝固，成為麵筋骨架的補強材料。蛋白質變性時，若麵團中有含糖
分就會加速美拉德反應，讓烤色更加美麗。但蛋白中的水分會在烘烤過程中消
失，導致烘焙的麵包容易乾燥，是為一大缺點。

蛋黃與蛋白的用法

烘焙麵包時，必須調整蛋黃和蛋白的比率。全蛋的用量超過麵粉的30％時，因
全蛋中含有蛋白，所以要增加蛋黃避免麵包乾燥。至於含有大量油脂的麵團，若
要獲得蛋黃大量的乳化作用，就不要增加蛋白，改為增加蛋黃。

餡料

OTHERS

餡料包含甜餡料、鹹餡料、加熱溶解的餡料、
果乾及堅果等種類。

甜餡料

大納言紅豆・糖漬栗子……

具餡料表面有砂糖結晶的食材。麵團內的水分會因為滲透
壓而滲到甜餡料的表面上，導致麵團脫水（壞影響）。這
時要適時減少餡料的份量，或增加麵團中添加的水量。由
於餡料表面的水分會形成結合水，因此餡料不會乾燥，並
會在黏稠的狀態下緊黏著麵團。

鹹餡料

起司・青海苔・櫻花蝦……

具有增進麵團緊實的效果（好影響）。因此請斟酌緊實的
程度，並於麵團快揉好前再添加鹹餡料。若想多加點鹹餡
料時，要稍微增加麵團的水量，這樣麵團的緊實程度就會
恰到好處。

遇熱溶解的餡料

巧克力、起司……

雖然麵團傾向緊實，但烘焙後遇熱溶解的餡料會使周圍的麵團變形。尤其是使用大塊餡料時，更容易導致麵團變形，並造成受熱不均和形成空洞的情況，因此建議將餡料切碎後再使用。

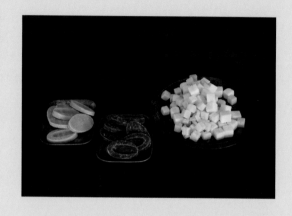

果乾

葡萄乾、杏桃乾……

直接使用果乾當內餡，果乾表面糖類所造成的滲透壓，會使麵團中的水分滲出，但水分又會再度滲透回果乾中，導致果乾附近的麵團變得乾硬。為避免麵團乾燥，可以事先以水浸泡果乾，或製作糖漬果乾及酒漬果乾。至於有經過塗油處理的果乾，只要先以溫水等去除表面的油，再以糖漿和酒浸泡滲透，就能避免麵團變硬。

＊果乾最好使用以相同水果釀造的酒等來醃漬。像是葡萄乾×紅酒、蘋果×卡巴度斯蘋果酒等。

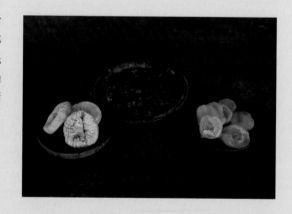

堅果

杏仁、澳洲胡桃、美國山核桃……

堅果必須依照大小和烘焙強弱程度來分類。大顆粒的堅果，較能確實品嚐到堅果的獨特口感。切碎的堅果口感柔軟但存在感會變弱。雖然粉末狀堅果的口感均勻，但存在感薄弱，僅會呈現出有層次感的口味。深烘焙的堅果會引發濃郁香氣，並增加堅果的存在感；淺烘焙的堅果則香氣薄弱，可襯托其他餡料的味道和滋味。使用深烘焙的堅果烘焙麵包時，若只是短時間的烘烤並沒有問題，但需要長時間烘焙的麵包，就必須注意表面的堅果是否會烤焦。

堅果的形狀千變萬化

堅果從粉末狀到球狀都有，形狀五花八門。
本篇以杏仁為例，進行介紹。

各式各樣的杏仁形狀
左上角以順時針方向依序為去皮杏仁粉、帶皮杏仁粉、
杏仁薄片、碎杏仁粒、細切杏仁、全杏仁。

使用主材料＋副材料烘焙的
鬆軟吐司（清淡型）

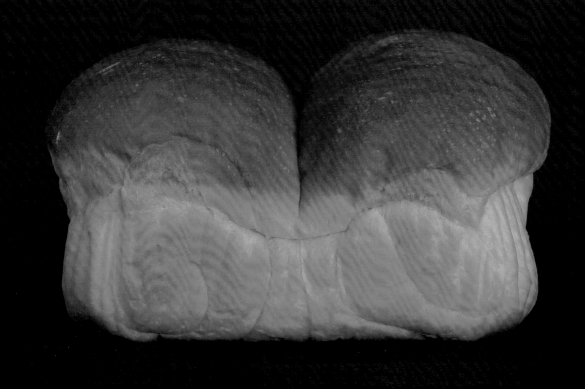

口感彈性佳、麵團延展性好，是本麵包的著名特徵，

外層為薄皮，內層則呈現出鬆軟口感。

口感比低成分麵包更均勻。

材料	木烤模（大）1個

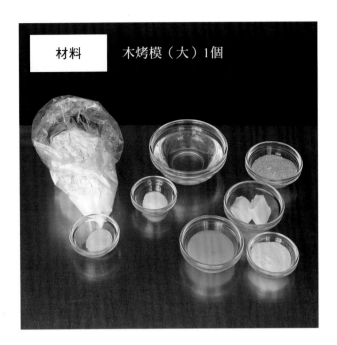

攪拌麵團
揉成溫度為27℃

↓

第一次發酵
設定30℃／50分鐘→翻麵→設定30℃
／30分鐘

分割麵團
二等分

↓

醒麵
設定28℃／15分鐘

↓

成型

↓

最後發酵
設定35℃／60分鐘

↓

烘烤
以180℃（含蒸氣）烘烤10分鐘→改變
方向→以180℃（無蒸氣）烘烤10分鐘

高筋麵粉（はるゆたか100%）	100g	50
高筋麵粉（ゆめちから100%）	100g	50
＊放入塑膠袋秤重。		
即溶乾酵母	1.6g	0.8
鹽	3.6g	1.8
紅糖	20g	10
全蛋	20g	10
脫脂奶粉	10g	5
水	130g	65
奶油（無鹽）	20g	10
Total	405.2g	202.6

將脫脂奶粉倒出袋中，即能立刻使用。

在調理盆中放入鹽、砂糖、脫脂奶粉，以迷你攪拌器拌勻。

加入蛋和水，以橡皮刮刀將蛋打散，與其他材料攪拌均勻。

酵母加入麵粉袋中，搖晃混合均勻。

攪拌麵團

以切刀刮下黏在調理盆上的麵團，放在工作檯上。

雙手指尖以描繪八字的作法搓揉麵團，推展為長20cm的正方形。

當麵粉和副材料混合時，由於一開始麵團很難連結，因此很容易黏手。

很快就能攪拌均勻。

麵粉倒入調理盆內,攪拌至粉狀感消失為止。

以切刀集中麵團。

「捧起麵團→用力朝工作檯摔打→對折」的動作共作4組,每組作6次。
每組動作摔打麵團的力道是由「弱→強」。

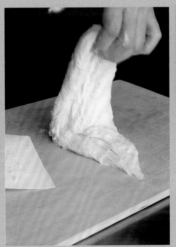

以切刀刮下手上沾黏的
麵團。

由於麵團的連結性不佳,因此摔打的
力道要弱。

每組流程使用的力道夠
強，麵團就會成團。

由於麵團會因為觸碰而
破裂，所以要儘量將奶
油推展開來。

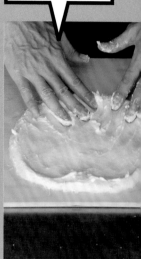

4組流程進行完畢。

在麵團上以手指壓扁奶油。推展奶油的同時，也將麵團搓為長20cm的正方形。

8次動作進行完畢。

以雙手握捏麵團，讓麵團與奶油充分融合，
最後輕柔地握捏成一整塊。

重複8次後，麵團總共
折疊了256層。

用力地握捏會破壞麵團，所以要輕柔
地握捏。

起初麵團的結合性不佳

堆疊麵團時，要避免將奶油疊在同一面，否則麵團的融合性（乳化）會變差。

重複8次「以切刀對半切開麵團→上下堆疊按壓」的動作。

「以切刀鏟起麵團→朝工作檯摔打→對折」的動作共作4組，每組作6次。
每組動作摔打麵團的力道是由「弱→強」。

 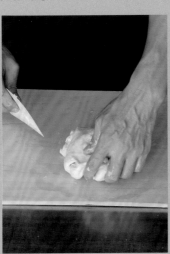  

麵團會逐漸成團。

麵團調整成圓形的目
的，是為了使麵筋強度
一致。

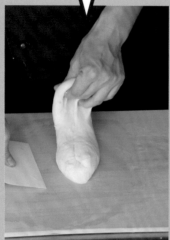

將調理盆倒蓋在麵團上
靜置3分鐘。

提起麵團對半折疊，以雙手調整成圓形後放入容器內。

揉成溫度為
27℃

將容器反過來倒出麵團。

以雙手沾上手粉，將麵團推展為長
20cm的正方形。

提起麵團的一邊折到麵團的1/3處。輕輕地按壓去除氣泡。

由於麵團延展性佳，即使推展開來也
不會破裂。

排氣是為了讓麵團口感
一致。

由於麵筋多，手粉少也不會沾黏。

在工作檯和麵團周圍撒上少許手粉，以切刀插入容器內側邊緣。

維持30℃發酵50分鐘。

第一次發酵

翻麵

亦折疊另一邊的麵團，並以相同方式去除氣泡。

下方麵團往前折到麵團的1/3處，將麵團折成三層。

將兩側封口向下折入麵團，並為麵團調整形狀。

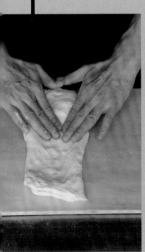

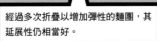

經過多次折疊以增加彈性的麵團，其延展性仍相當好。

麵團放入容器內。

維持30℃發酵30分鐘。

在工作檯和麵團上
撒少許手粉。

分割

以手指將麵團推展成長方形。將下方麵團往前對折,再以手輕壓麵團消除氣泡。

將麵團封口朝上,
再將右方麵團往左對折。

按壓麵團是為了替麵團排氣,以烘焙
出均勻的口感。

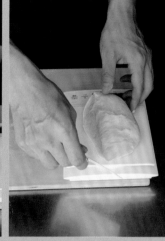

切刀插入容器內側邊緣，將容器倒過來，再將麵團放在工作檯上。　以切刀將麵團對半分割，並秤重調整為相同重量。

醒麵	成型

輕壓麵團以消除氣泡，將封口往下折入麵團。

蓋上濕毛巾，
維持**28℃**靜置**15分鐘**。

在工作檯上稍微撒點手粉，
擺上麵團。

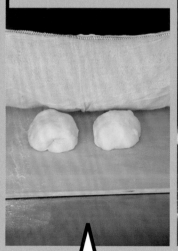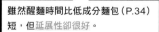

雖然醒麵時間比低成分麵包（P.34）
短，但延展性卻很好。

85

第三次的作業，是為了替排氣過的麵團調整形狀。

以擀麵棍替排氣過的麵團進行第四次調整形狀作業。

   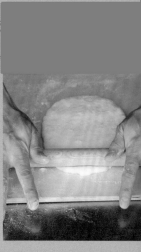

雙手交疊在麵團上，按壓成直徑12cm的圓形。

擀麵棍先沾點麵粉，再前後滾動以確實消除氣泡，接著將麵團擀成直徑20cm的橢圓形。

將下方麵團往前捲。

捲好麵團後，封口朝下放入木烤模。
另一個麵團也以相同作法調整形狀。

  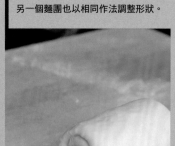 

按壓麵團避免大氣泡殘留。

 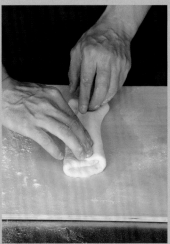  

將右方麵團往右折到麵團的1/3處，再輕輕地按壓。將麵團折成三層後，再度輕輕地按壓。

前後滾動擀麵棍，將麵團擀成25cm的長度。

最後發酵 .... **烘烤**

維持35℃發酵60分鐘。

烤爐預熱至180℃（含蒸氣）後，將麵團擺在下層烤盤烘烤10分鐘。再改變方向，同樣以180℃（無蒸氣）烘烤10分鐘。

麵團捲完後封口要背對擺放。
右圖為麵團的剖面圖。

使用主材料＋副材料烘焙的
布里歐吐司（濃郁型）

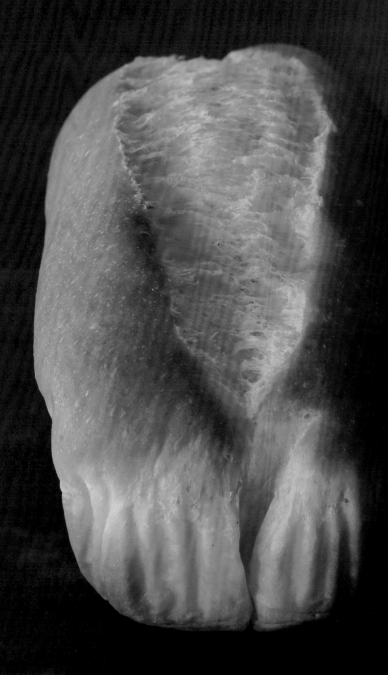

由於麵團過度擴展，所以烘焙出的麵包缺乏彈性。
香噴噴的麵皮呈現烤菓子般的口感，
鬆軟的內層則具有濃郁滋味。

<table>
<tr><td>材料</td><td>木烤模（細長）1個</td></tr>
</table>

烘焙流程

攪拌麵團
　揉成溫度為25℃

第一次發酵
　設定30℃／90分鐘→放入冰箱冷藏一晚

分割麵團
　二等分

成型

最後發酵
　設定30℃／120分鐘

烘烤
　以180℃（含蒸氣）烘烤15分鐘→改變
　方向→以180℃（無蒸氣）烘烤3分鐘至
　5分鐘

高筋麵粉（はるゆたか100%）	100g	100
＊放入塑膠袋秤重。		
即溶乾酵母	0.8g	0.8
鹽	1.5g	1.5
紅糖	10g	10
香草籽	份量約5mm長	
＊以刀劃開香草豆莢，刮出香草籽。		
蛋黃	20g	20
全蛋	20g	20
牛奶	40g	40
發酵奶油	20g	20
＊使用無鹽奶油亦可。		
紅糖	5g	5
Total	217.3g	217.3

將蛋黃加入全蛋中，以
攪拌器打散。

速發性酵母加入鮮奶攪拌後，再加入蛋液中攪拌均勻。

於調理盆內
加入鹽和10g紅糖，
再倒入蛋液。

攪拌麵團

使用指尖以畫八字的作法搓揉麵團，
推展成長20cm的正方形。

刮掉黏在手上的麵團後，再集中成團。

推展麵團的同時，也要搓開麵團中
的結塊。

90

將鹽和砂糖攪拌至無顆粒狀。

同時也添加香草豆，以橡皮刮刀攪拌。

加入麵粉後攪拌至粉狀感消失為止。
以切刀鏟掉沾黏在橡皮刮刀及調理盆上的麵團。

將麵團倒在工作檯上。

「以切刀鏟起麵團→朝工作檯摔打→對折」的動作共作4組，每組作6次。
每組動作摔打麵團的力道是由「弱→強」

4組動作進行完畢。

由於奶油份量多，與砂糖攪拌後再加入主麵團會更好融合（乳化）。

以手拌開奶油和5g的紅糖。

攪拌好的奶油擺在麵團上，以指尖推展成長約20cm的正方形。

重複「以切刀對切麵團→上下折疊→按壓」的動作8次。

「以切刀鏟起麵團→朝工作檯摔打→對折→改變方向」的動作共作5組，每組作6次。
每組動作摔打麵團的力道是由「弱→強」。

作完5組動作。

逐漸加重力道，麵團就會成團。

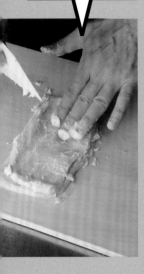

折疊麵團時要注意別疊錯面。一旦奶油都疊在同一面，麵團的融合性（乳化）就會變差。

作完8次動作。

雙手輕柔的握捏以集中麵團。

第一次發酵

將調理盆倒蓋在麵團上靜置3分鐘。

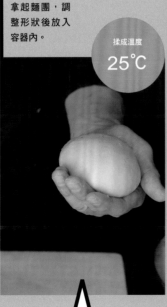

拿起麵團，調整形狀後放入容器內。

揉成溫度
25℃

維持30℃發酵90分鐘。→放入冰箱冷藏一晚。

由於麵團油脂含量多，麵團比起鬆軟吐司（P.76）更容易擴展，所以能調整成漂亮的形狀。

麵團鬆弛朝兩側擴展。

檢視發酵後麵團的容器
底部,可清楚看見形成
了許多氣泡。

撒上少許手粉於工作檯和麵團上,
以切刀插入容器內側邊緣,將麵團取出。

以切刀將麵團切成兩半,
再秤重使麵團等量。

分割麵團

單手擺在麵團中央滾動,將麵團搓到兩個手掌寬的長度後,放入木烤模。
另一份麵團也以相同方式調整形狀後,再放入木烤模。

壓破氣泡可固定氣泡的
大小和溫度。

  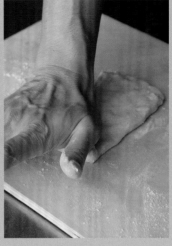 

在工作檯上撒上薄薄一層手粉，以手指使勁按壓推展成長方形。將上方麵團下折2cm，
重複「拇指指根按壓→對折→按壓」的動作，直到折至麵團末端。

成型

最後發酵

烘烤

維持**30℃**發酵**120分鐘**。

烤箱預熱至180℃（無蒸
氣）後，將麵團擺在下層
烤盤上烘烤15分鐘。接著
改變方向，再烘烤3分鐘
至5分鐘。

麵團捲完後封口要背對擺放。
右圖為麵團的剖面圖。

使用主材料＋副材料製作的
巧克力堅果布里歐

這是布里歐吐司（P.88）的應用篇。

巧克力堅果布里歐的滋味，比布里歐吐司更加濃醇。

麵皮散發出烤菓子般的香味，內層則呈現綿密濕潤的口感。

<table>
<tr><td>材料</td><td>木烤模（細長）1個</td></tr>
</table>

□ 中種麵團

		烘焙百分比%
中高筋麵粉（リスドォル／LYSODOR）	32g	40
即溶乾酵母	0.4g	0.5
水	19.2g	24
Total	51.6g	64.5

□ 主麵團

		烘焙百分比%
高筋麵粉（超級山茶花／Super Camellia）	48g	60
帶皮杏仁粉	8g	10
可可粉	4g	5
中種麵團	51.6g	64.5
即溶乾酵母	0.2g	0.3
鹽	1.1g	1.4
紅糖	4g	5
煉乳	8g	10
蛋黃	24g	30
全蛋	16g	20
鮮奶油	16g	20
牛奶	8g	10
發酵奶油	32g	40
＊使用無鹽奶油亦可。		
紅糖	8g	10
美國山核桃（經烘焙過）	16g	20
金色巧克力（Blonde Chocolate）	12g	15
Total	256.9g	321.2

<table>
<tr><td>烘焙流程</td></tr>
</table>

□ 中種麵團

攪拌麵團
| 揉成溫度為23℃
↓
發酵
　設定30℃／2小時→放入冰箱冷藏一晚

□ 主麵團

攪拌麵團
| 揉成溫度為24℃
↓
第一次發酵
　設定30℃／90分鐘→放入冰箱冷藏一晚
↓
分割麵團
| 3等分
↓
成型
↓
最後發酵
　設定30℃／90分鐘至120分鐘
↓
烘烤
　以180℃（無蒸氣）烘烤15分鐘→改變
　方向→以180℃（無蒸氣）烘烤3分鐘至
　5分鐘

＊中種麵團和主麵團的麵粉，都是裝袋後秤重。

97

製作中種麵團

酵母加入麵粉袋，搖晃袋子混合均勻後，倒入盛水的調理盆中。

攬拌麵團

攬拌麵團

將全蛋打散後加入蛋黃，
以攪拌器攪拌均勻。

在鮮奶中加入酵母攪拌後，再加入鮮奶油攪拌均勻。

製作主麵團

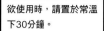

揉成溫度為
23°C

以橡皮刮刀攪拌至粉狀
感完全消失為止。

待麵團變硬後，以刮刀壓於盆邊攪拌，
再放入容器內。

維持**30°C**發酵**2小時**。
→放入冰箱冷藏一晚。

發酵

在調理盆中加入鹽、紅糖4g、煉乳，再倒入蛋液。
以橡皮刮刀攪拌到鹽與砂糖溶解為止。

將可可粉和帶皮杏仁粉加入麵粉袋中，搖晃袋子混合均勻後，
再加入調理盆內。

以刮刀攪拌至粉狀感完全消失為止。

將麵團放在工作檯上後，中種麵團擺在旁邊。

手指向左旋轉。

白色紋路消失後，以切刀刮除手上沾黏的麵團。

將中種麵團拉開，與主麵團纏捲在一起。若將白色部位視為麵筋，便會瞭解麵筋將呈線狀擴展開來。

100

以切刀將中種麵團切成小塊，接著將一塊塊小麵團分開黏在主麵團上。
黏滿後把主麵團翻過來，黏上剩下的中種小麵團。

將三根手指插入麵團中。

集中麵團，「朝工作檯摔打麵團→對折→改變方向」的動作共作4組，每組作6次。

4組動作進行完畢。

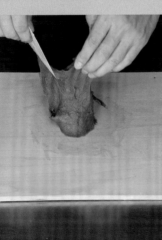

由於奶油份量多，與砂糖攪拌後再加入主麵團會更好融合（乳化）。

以手壓碎奶油及8g的紅糖，揉捏均勻後放在麵團上。

以指尖將麵團推展成長20cm的正方形。

雙手輕柔地握捏集中麵團。

「以切刀抵住麵團→往下鏟起麵團→改變方向→朝工作檯摔打」的動作共作4組，每組作10次。
每組動作摔打麵團的力道是由「弱→強」。

堆疊麵團時，要避免將奶油疊在同一面，否則麵團的融合性（乳化）會變差。

重複「以切刀對切麵團→上下堆疊→按壓」的動作8次。

金色巧克力切碎撒在麵團上，
進行10次「以切刀抵住麵團→切刀往下鏟起麵團→改變方向→朝工作檯摔打」的動作。

隨著摔打的力道變強，麵團就會成團。

在麵團正中央留下一塊巧克力，就能瞭解在巧克力周圍麵團的延展情況。

於麵團正中央留下一塊巧克力是一大重點。

若正中央的巧克力與堅果的間距變大，就是麵團延展開來的證明。

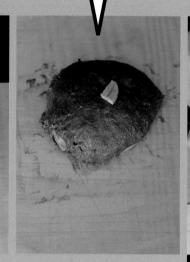

將美國山核桃切成小塊黏在麵團上。
進行「以切刀抵住麵團→切刀往下鏟起麵團→改變方向→朝工作檯摔打」的動作10次。

分割麵團

在工作檯和麵團撒上較多手粉，以切刀插入容器內側邊緣後，將麵團倒在工作檯上。

以切刀將麵團均切成3等分，並秤重調整為等量。(1條份)

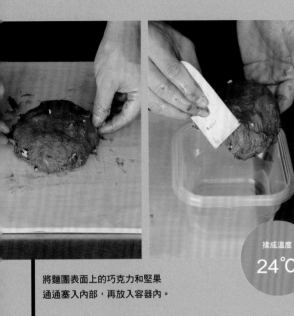

將麵團表面上的巧克力和堅果
通通塞入內部，再放入容器內。

揉成溫度
24℃

維持**30℃**發酵**90分鐘**。→放入冰箱冷藏一晚。

第一次發酵

成型

指尖先沾麵粉，再將麵團推壓成長10cm的正方形。

麵團轉90度擺成菱形，將上方麵團的頂角折向中央後，拍掉背面的
麵粉。接著將麵團以順時針方向每隔45度折往中央，共折疊6次。

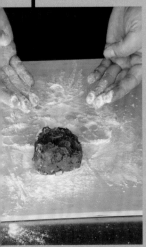

另一側也每隔45度折
疊，共折疊5次。

將封口朝下放在手掌上，
以雙手將麵團調整成圓形。

將掉出麵團的巧克力塞回內部後，放入木烤模中。
其餘兩個麵團也按照相同的作法成型，再放入木烤模中。

由於麵團會黏手，因此
請一邊沾麵粉，一邊調
整形狀。

放入木烤模時，請拍掉
麵粉。

手指壓住最後折疊的部位，
如同要裹住中央般替麵團封口。

最後發酵 .... 烘烤

維持30℃發酵90分鐘至120分鐘。

烤箱預熱至180℃（無蒸氣）後，將
麵團擺在烤箱下層烘烤15分鐘，再改
變方向，再烘烤3分鐘至5分鐘。

麵團均分為3等分，是
因為餡料之間的反彈力
很強。

使用主材料＋副材料製作的
龐多米

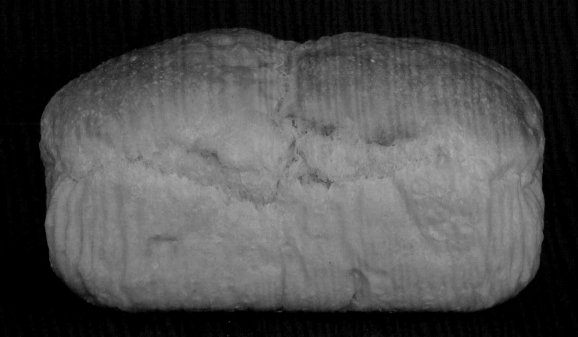

使用以主材料烘焙的低成分吐司同類型的中高筋麵粉（P.34），

由於彈性差，經過烘烤後，麵團膨脹至快要破裂的程度。

麵包內部還遍布著大小不一的氣泡，雖然口感輕盈卻缺乏一致性。

擴展性略勝過低成分吐司，

透過使用發酵種麵團，可引導出麵粉的滋味，製作出口感濕潤的麵團。

| 材料 | 木烤模（大）1個 |

□ 波蘭種

		烘焙百分比%
高筋麵粉（Gristmill）	40g	20
即溶乾酵母	0.2g	0.1
水	48g	24
Total	88.2g	44.1

□ 主麵團

		烘焙百分比%
高筋麵粉（はるゆたか100%）	160g	80
波蘭種	88.2g	44.1
即溶乾酵母	0.6g	0.3
鹽	4g	2
麥芽精水溶液（經稀釋）	2g	1
＊麥芽精：水＝以1：1的比例稀釋		
水	110g	55
起酥油	6g	3
Total	370.8g	185.4

＊波蘭種麵團和主麵團的麵粉，都是裝袋後秤重。

烘焙流程

□ 波蘭種

攪拌麵團
揉成溫度為23℃
↓
發酵
設定28℃／2.5小時→放入冰箱冷藏一晚

□ 主麵團

攪拌麵團
揉成溫度為26℃
↓
第一次發酵
設定28℃／30分鐘→翻麵→設定28℃／2小時
↓
分割麵團
二等分
↓
醒麵
設定28℃／10分鐘至15分鐘
↓
成型
↓
最後發酵
設定30℃／90分鐘
↓
烘烤
以210℃（有蒸氣）烘烤15分鐘→改變方向→以210℃（無蒸氣）烘烤10分鐘至15分鐘

製作波蘭種
麵團

在麵粉中加入酵母，以迷你攪拌器攪拌均勻。

在麵粉正中央凹陷處加水。

攪拌麵團

攪拌麵團

在調理盆中加入鹽和水，以橡皮刮刀攪拌均勻。

加入麥芽精水溶液。

製作主麵團

擺在小容器內發酵。

揉成溫度
23℃

攪拌周圍的麵粉。攪拌至提起攪拌器時，
麵團呈現毫無彈性的麵糊狀即可。

維持**28℃**發酵**2.5小時**。
→放入冰箱冷藏一晚

發酵

在麵粉袋中加入酵母，搖晃袋子混合均勻。

將波蘭種麵團放入調理盆中，再加麵粉加進去。

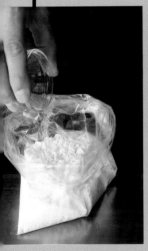

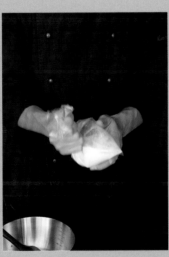

以橡皮刮刀將麵團攪拌至粉狀感完全消失為止。

以切刀刮掉沾黏在橡皮刮刀上的麵團。

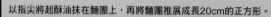

2組動作進行完畢。

以指尖將起酥油抹在麵團上,再將麵團推展成長20cm的正方形。

將麵團倒在工作檯上。

一邊以指尖壓碎麵粉結塊，一邊將麵團輕柔的推展成長20cm的正方形。以切刀刮掉沾黏在手指上的麵團。

以切刀集中麵團。
「以切刀鏟起麵團→朝工作檯摔打→對折→改變方向」的動作共作2組，每組作6次。

重複8次「以切刀對半切麵團→上下堆疊」的動作。

以切刀集中麵團。
「以切刀鏟起麵團→
朝工作檯摔打→對折→
改變方向」的動作
共作2組，每組作6次。

完成8次動作後。由於起酥油含量少，不必像鬆軟吐司（P.76）那麼輕柔處理。

輕柔地處理。

每組動作摔打麵團的力道是由「弱→強」。

將調理盆倒蓋在麵團上靜置3分鐘。

將調整完形狀的麵團
放入容器中。

將容器反過來
倒出麵團。

將麵團一左一右往內折成三層。

拍掉麵團上的麵粉，
下方麵團往上折成三層。

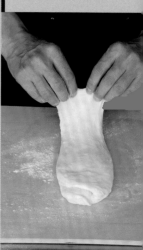

由於氣泡少，不必按壓排氣。

由於揉麵次數少，麵筋含量低。

揉成溫度
26℃

維持**28℃**發酵**30分鐘**。

由於膨脹前的麵團是鬆弛狀態，所以就算發酵30分鐘還是這種狀態。

由於麵團容易沾黏，因此動作要快！

於工作檯和麵團撒上較多的手粉，以切刀迅速插入容器內側邊緣。

第一次發酵 .... 翻麵

將麵團封口朝上擺放，再對折。

雙手交疊放在下方麵團上，以按壓的方式封口。

將封口朝上擺放，改變麵團方向後再對折。

雙手交疊按壓封口。

以切刀插入容器內側邊緣，將容器反過來，再將麵團倒在工作檯上。

以切刀將麵團對半切，再秤重調整成等量。

   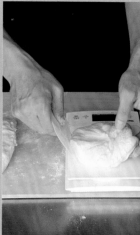

下圖為第一次發酵的最後狀態。

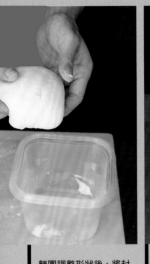

麵團調整形狀後，將封口朝下放入容器內。

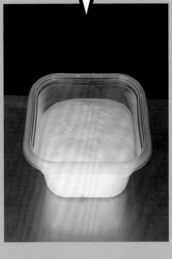

維持28℃發酵2小時。

在工作檯和麵團上撒上略多的手粉。

分割

提起下方麵團，輕柔的往上對折。

將麵團封口朝向自己，
再將右方麵團向左對折，最後捲到麵團下方。

由於麵筋含量少，所以要輕柔地處理。力道過猛會使麵團破裂，所以要特別注意！

117

  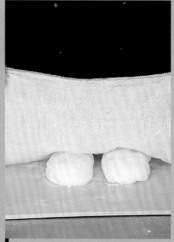 

將麵團翻過來擺成菱形。

替麵團蓋上濕布，維持28℃
靜置10分鐘至15分鐘。

醒麵

以手指壓住最後折疊的部分，
如同要包裹住中心般替麵團封口。

將封口朝下替麵團調整形
狀，再放入木烤模中。

將上方麵團的頂角往下折向中心後，以順時針方向每隔45度折往中央，共折疊6次。

另一側也每隔45度角折疊5次。

另一個麵團也比照相同作法成型。

最後發酵

維持30℃發酵90分鐘。

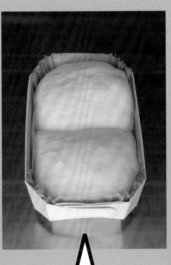

由於彈性比鬆軟吐司（P.76）差，因此麵團只會微微隆起。

烘烤

預熱烤箱至210℃（含蒸氣）後，將麵團擺在下段烤盤上烘烤15分鐘。之後改變方向，以210℃（不含蒸氣）烘烤10分鐘至15分鐘。

麵筋含量少，所以要稍微提高烘烤溫度，蒸氣也要多一點。

使用主材料＋副材料製作的
福克西亞

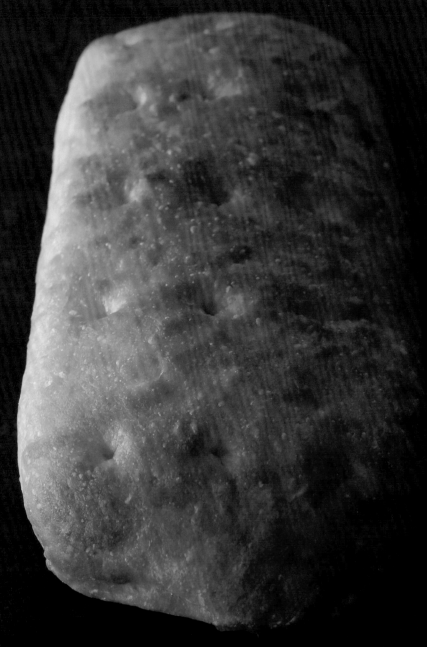

雖然福克西亞的彈性不如法式長棍麵包（P.50），

卻能享用到均勻又酥脆的口感。使用香味良好的橄欖油，

會讓外層麵皮散發出油炸般的香氣，

內層也能享用到橄欖油的香味及馬鈴薯的Q彈口感。

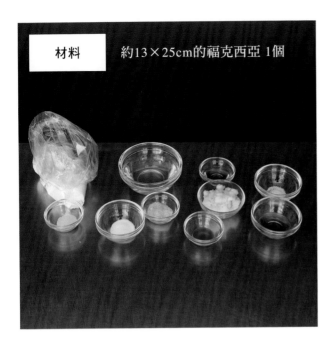

| 材料 | 約13×25cm的福克西亞 1個 |

烘焙流程

攪拌麵團
　揉成溫度為25℃
↓
第一次發酵
　設定30℃／60分鐘
↓
成型
↓
最後發酵
　設定35℃／40分鐘
↓
烘烤
　將烤箱預熱至250℃→以220℃（無蒸氣）烘烤15分鐘→改變方向→以220℃（無蒸氣）烘烤3分鐘至5分鐘

		烘焙百分比%
中高筋麵粉（LYSODOR）	120g	80
中高筋麵粉（TYPE ER）	30g	20
＊麵粉類都是裝袋後秤重。		
即溶乾酵母	0.9g	0.6
鹽	2.4g	1.6
紅糖	4.5g	3
麥芽精水溶液（經稀釋過）	1.5g	1
＊麥芽精：水＝以1：1的比例稀釋		
馬鈴薯泥	30g	20
＊馬鈴薯塊加水煮熟後搗成泥。		
水	90g	60
油	7.5g	5
Total	286.8g	191.2

□ 收尾用材料

橄欖油、鹽 各適量　　　　　各適量

要使用溫熱的馬鈴薯泥。

在調理盆內放入鹽和砂糖，加入水和麥芽精水溶液，以橡皮刮刀攪拌均勻。

添加馬鈴薯泥後粗略壓散，再倒入橄欖油。

攪拌麵團

以迷你攪拌器充分攪拌到油的粒子變小為止。

迅速加入麵粉，攪拌到粉狀感完全消失為止。

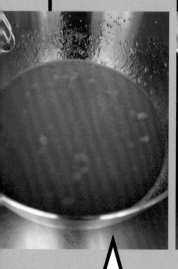

若油的粒子大，與麵粉攪拌後，就會殘留下油的結塊。

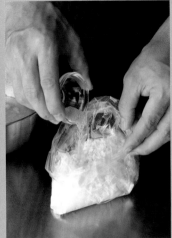

將即溶乾酵母加入麵粉袋中,搖晃袋身混合均勻。

以切刀刮除沾黏在橡皮刮刀跟調理盆上的麵團,再將麵團倒在工作檯上。

以指尖壓碎麵粉結塊,
再輕柔地搓揉麵團。

油脂會妨礙麵筋的形
成,要避免攪拌過度。

由於麵筋含量少，因此要避免力道過猛。

如同在描繪「八」字般，將麵團推展成長20cm的正方形，清除沾黏在手上的麵團後，再集中麵團。

進行6次「以切刀輕柔地鏟起麵團→對折→改變方向」的動作。

成型

在工作檯與麵團上撒上略多的手粉。

以切刀插入容器內側邊緣，將容器反過來倒出麵團。

麵團作完6次動作後，
再放入容器內。

揉成溫度
25℃

維持**30℃**發酵**60分鐘**。

第一次發酵

將麵團的左右側分別折向中央。

以手按壓麵團稍微排氣，再將麵團提拉成20cm。

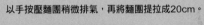

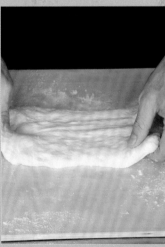

麵團改變方向折成三層，每折一次都要輕輕地按壓麵團。

最後發酵 .... 烘烤

輕壓麵團後，
放在上層烤盤上。

維持**35℃**發酵**40分鐘**。

以刷子沾橄欖油，塗滿整個麵團表面。

 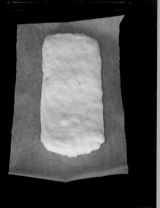 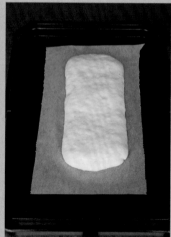 

塗油不僅能夠預防乾燥，麵團也會更容易擴展。

由於收縮力弱，若是推桿過度，會導致麵團容易破裂，所以要特別注意。

將擀麵棍擺在麵團中央略上方的位置，再向上擀。

麵團切割成17×30cm的大小後，放在烤爐紙上。

以三根手指頭按壓至麵團底部，按壓5排後撒上鹽巴。

烤箱預熱至250℃後，將麵團擺在上層烤盤上，
接著溫度調降至220℃（無蒸氣）烘烤15分鐘。
之後改變方向，以220℃（無蒸氣）烘烤3分鐘至5分鐘。

麵團打洞後，就會均勻平坦地膨脹。烘烤時，手指按壓處會因為反作用力擴展開來。

使用主材料＋副材料製作的
軟Q麵包

由於加入了湯種麵團，

比起福克西亞更能品嚐到澱粉的Q彈感。

跟法式長棍麵包一樣，

經過烘烤後，

就算麵皮切痕也不會破裂，

因此水分很難蒸發，

可以充分享用濕潤Q彈的口感。

同時佐以洋酒風味，能使美味加倍提昇。

| 材料 | 約10×25cm的軟Q麵包1個 |

□ 烘焙流程

□ 湯種麵團

攪拌麵團
攪拌材料以保鮮模密封→靜置1小時（存放在冰箱的麵團，隔天也能直接使用）。

□ 主麵團

攪拌麵團
揉成溫度為23℃
↓
第一次發酵
設定17℃／20小時
↓
成型
↓
最後發酵
設定28℃／30分鐘
↓
烘烤
烤箱預熱至250℃→以230℃（蒸氣）烘烤15分鐘→改變方向→以250℃（無蒸氣）烘烤20分鐘

□ 湯種

		烘焙百分比%
中高筋麵粉（TYPE ER）	60g	30
熱水	100g	50
Total	160g	80

□ 主麵團

		烘焙百分比%
高筋麵粉（ゆめちから100%）	60g	30
中高筋麵粉（TYPE ER）	80g	40

＊麵粉類都是裝袋後秤重。

湯種麵團	160g	80
即溶乾酵母	0.1g	0.05
鹽	3.6g	1.8
紅糖	12g	6
水	80g	40
白蘭地酒漬無花果	40g	20

＊將100g無花果乾切成接近1cm的塊狀。放入保鮮盒後加入20g的白蘭地，3天後就能使用，放在冰箱的保存期約為2週。

| Total | 435.7g | 217.85 |

□ 收尾用材料

| 高筋麵粉（ゆめちから100%） | 適量 |

製作湯種麵團

讓小麥澱粉α化破壞麵筋。

由於沒有使用酵母，因此不會發酵。

將熱水倒入麵粉中，以橡皮刮刀迅速攪拌。

當麵粉結塊消失後，以保鮮膜密封麵團，靜置1小時。

攪拌麵團

攪拌麵團

搖晃袋身混合均勻。

在調理盆中加入湯種麵團，如同要捏碎湯種麵團般，將大塊麵團揉成小塊。

由於麵團質地Q彈容易結塊，因此要揉開。

製作主麵團

調理盆內放入鹽和砂糖,再倒入水,並以橡皮刮刀攪拌均勻。　　　在麵粉袋中添加酵母。

攪拌麵團

加入麵粉,將麵團握捏至粉狀感徹底消失為止。
以切刀清除沾黏在手跟調理盆上的麵團。

使勁攪拌麵團。

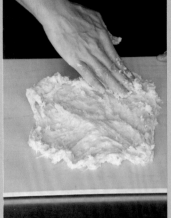

再小的麵粉結塊，都要確實壓碎。

將麵團倒在工作檯上。

以指尖壓碎湯種麵團的麵粉結塊，同時將麵團推展成長20cm的正方形，最後以切刀刮掉黏在手上的麵團。

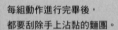

每組動作進行完畢後，都要刮除手上沾黏的麵團。

將一顆顆酒漬無花果分開擺放在麵團上。

重複8次「以切刀對半切麵團→上下堆疊→按壓」的動作。

以切刀集中麵團。

「以切刀鏟起麵團→朝工作檯摔打→對折→改變方向」的動作共作2組，每組作6次。
每組動作摔打麵團的力道是由「弱→強」。

將麵團放入容器內，以手輕柔地整平表面。
至於露出表面的無花果，要塞回麵團中。

揉成溫度
23℃

 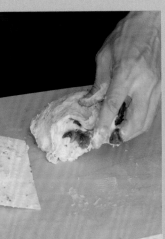  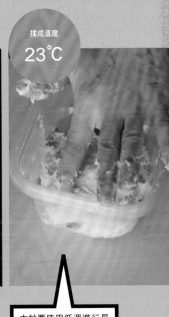

這樣作麵團就會成團。

由於要使用低溫進行長
時間發酵，所以麵團表
面一定要整平。

〈 發酵前 〉

〈 發酵後 〉

由於麵團很黏稠，所以手粉要撒多一點。

在工作檯和麵團撒上充足的手粉，
以切刀插入容器內側邊緣，將麵團倒在工作檯上。

維持**17℃**發酵**20小時**。

第一次發酵

成型

改變麵團方向擺成菱形後，
將下方頂角折到上方頂角附近。

將上方頂角往下包折來替麵團封口，
再拍掉麵粉。

將麵團兩端向中心靠攏。

改變方向。

將麵團兩端向中心靠攏。

封口朝上拍掉麵粉，
將下方麵團往上折疊至麵團的1/3處。

左手拇指放在麵團末端，由此處替麵團封口。

右手拇指指根處抵住麵團，以按壓轉動的方式替麵團封口。

最後發酵

於麵團中線兩側以45
度角劃出葉子割紋。

在麵團兩側擺上長度相同的模具，緊
緊夾住麵團避免扁塌。

維持28℃發酵30分鐘。

 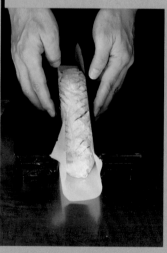 

在即將進行最後發酵的
麵團上劃出大量割紋，
黏度強的麵團會較容易
鬆弛開來。

在麵團前方撒上充足的手粉，再前後滾動麵團。

封口朝下擺放，將麵團分割為
17×30cm的大小後，放在烤爐紙上。

使用麵團用割紋刀的握
把，在麵團中央劃出寬
5mm的線條。

烘烤

烤箱預熱至250℃，
以木板等物品把麵團擺放於上層烤盤。
下層烤盤以噴霧器噴撒充足的水（約60ml），
降低溫度至230℃（含蒸氣）烘烤15分鐘。
再改變方向，
將溫度調高至250℃（無蒸氣）烘烤20分鐘。

由於希望割紋在不破裂的情況下遍布
於麵團，因此使用大量水蒸氣以促進
麵團的擴展性。

麵包
剖面透露
的訊息

剛烤好的麵包剖面，會清楚呈現出麵包內部氣泡及麵團膨脹方式等狀況。帶您一同比較不同麵包的氣泡大小、散布方式、麵團膨脹方式及札實程度吧！

使用主材料製作的
低成分麵包——
吐司／高筋麵粉
⇒作法請參考P.34

可清楚看出麵團緊實且擠滿氣泡。份量感不及使用中高筋麵粉烘焙的吐司。

使用主材料製作的
低成分麵包——
吐司／中高筋麵粉
⇒作法請參考P.34

遍布著大小不一的氣泡。膨脹程度比高筋麵粉的吐司大上一輪。

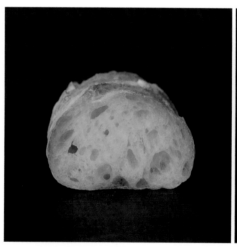

使用主材料製作的
低成分麵包——
法式長棍麵包／高筋麵粉
⇒作法請參考P.50

可清楚看出麵團緊實且擠滿氣泡。份量感不及使用中高筋麵粉烘焙的法式長棍麵包。割紋要劃小一點。

使用主材料製作的
低成分麵包——
法式長棍麵包／中高筋麵粉
⇒作法請參考P.50

遍布著大小不一的氣泡。比起用高筋麵粉烘焙的法式長棍麵包大上一輪。割紋要劃大一點。

使用主材料＋副材料製作的
蓬鬆柔軟吐司（清淡型）
⇒作法請參考P.76

中心極度細緻鬆軟且帶有份量感。

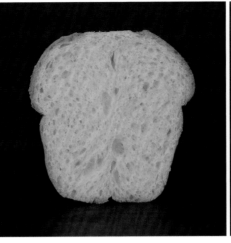

使用主材料＋副材料製作的
布里歐吐司（濃郁型）
⇒作法請參考P.76

因兩個麵團的反彈力呈現縱向擴
展。氣泡遍布整體，呈現出蓬鬆
感。

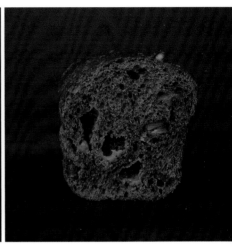

使用主材料＋副材料製作的
巧克力堅果布里歐
⇒作法請參考P.76

大孔洞是烘烤時巧克力融化所致。
光看剖面便能明白質地相當濕潤。

使用主材料＋副材料製作
龐多米
⇒作法請參考P.108

整體隆起形成山形。麵包內遍布著
大大小小的氣泡。

使用主材料＋副材料製作
福克西亞
⇒作法請參考P.120

連在烘焙作業最後階段以手指按壓
的孔，都因為反彈力而確實擴展開
來。

使用主材料＋副材料製作
軟Q麵包
⇒作法請參考P.128

使用湯種麵團的力量來加強澱粉質
的黏性。麵團的Q彈感一目瞭然。

烘焙麵包常見Q＆A

Q. 發酵究竟是「酒精發酵」
還是「呼吸作用」會促進酵母活性呢？

A. 「呼吸作用」會釋出酒精發酵3倍的二氧化碳，不僅使麵團較容易膨脹，酵母也能
儲蓄較多的能量，因此促進酵母活性的是「呼吸作用」。但必須在烘焙流程中增加
排氣的次數。因為二氧化碳會妨礙到酵母儲存能量，所以在第一次發酵的中途，就
得透過翻麵、分割、滾圓、成型等作業來排氣，讓酵母保有活力。蓬鬆柔軟的麵包
之所以會在成型後於短時間內膨脹，就是排除了二氧化碳的緣故。若沒有排除二氧
化碳，就會烘焙出酒味濃厚的麵包。

Q. 加入大量的鹽，
麵團就會變得很緊實嗎？

A. 雖然添加大量的鹽會讓麵團強烈收緊，但卻會使味道變得很鹹。想在不添加鹽的情
況下讓麵團緊實一點，就要利用水的硬度。使用硬度略高的水替麵團提高緊實效
果，烘焙出的麵包就不會有過鹹的問題。

Q. 一般來說吐司都會使用富含麵筋的麵粉
但為何低成分吐司（請參考P.34）無法烘焙出蓬鬆柔軟感？

A. 低成分吐司缺乏輔助麵團擴展的成分（副材料），因此具有強烈的收縮力。除了形
成難以膨脹的密實剖面之外，麵皮也不易碎裂。所以使用富含麵筋的麵粉配合副材
料來製作，便能打造延展性佳的麵團，烘焙出鬆軟吐司。

Q. 為何大家都說「法式長棍麵包不宜過度揉捏」？

A. 像長棍麵包之類的法式麵包，是使用麵筋含量不多、酵母含量也少的法國製麵粉，
因此算是不易膨脹的麵包。與其使用富含麵筋的麵粉（高筋麵粉），不如選擇麵筋
含量少卻容易鬆弛的麵粉（中高筋麵粉）。所以在揉捏麵團時，得留意避免破壞掉
麵筋。經過輕柔搓揉的麵團鬆弛到某種程度時，就要反覆翻麵以逐漸增強麵筋。

Q. 為什麼巧克力堅果布里歐（請參考P.96）
和龐多米（請參考P.108）的麵團
要隔45度角折疊呢？

A. 巧克力堅果布里歐是因為副材料太多，而龐多米的麵團，則是因為搭配了麵筋結構弱的波蘭種，所以這類麵團都很難形成麵筋。由於麵筋少的麵團在使勁揉捏下容易破裂，因此要利用油脂增加麵團的延展性，並搭配翻麵以增強麵筋。透過隔45度角折疊6次，將麵團轉向後再次折疊的動作，使麵筋結構「複雜化」，以增加麵團的整體份量。

Q. 麥芽精為什麼要加水稀釋後再使用？

A. 麥芽精原液的黏性強，不僅不好計量，也很難與麵粉融合。經稀釋後不僅方便計量，也較易與麵粉融合。將麥芽精水溶液加入像法式長棍麵包這類揉捏次數少的麵團中，便能儘快與麵團融合，減少不必要的揉捏。

Q. 法式長棍麵包（請參考P.50）在成型折疊麵團時，
若不往前斜折，改為直接對折封口，
會烘焙出什麼樣的麵包呢？

A. 如果麵團封口太直，麵團就不是靠捲繞封口，變成按壓封口。按壓的動作很可能會壓碎麵團。若麵團在這種狀態下進行最後發酵及烘烤，碎裂的部分就會難以擴展而變得堅硬，無法烘焙出好吃的麵包。

Q. 提到市售天然酵母，最有名的就是「星野天然酵母」，
請問它是單一酵母嗎？

A. 以前我也很想搞清楚「星野天然酵母」究竟是單一酵母還是複合酵母，於是索性直接詢問「星野天然酵母」公司的社長土田耕正先生。土田先生的回答是：「這是自己發現的單一酵母。」「星野天然酵母」採用自製酵母的作法，以米麴為營養來源。由於這種酵母不吃蔗糖（砂糖），活力不佳的酵母也少，因此將麵團擺在與揉成溫度相同的環境下24小時，就會確實發酵。是使用水和麴菌，有效率地提供酵母營養，將麴菌當成澱粉分解的輔助角色。